今日から
モノ知り
シリーズ

トコトンやさしい

宇宙線と素粒子の本

宇宙線とは、宇宙空間を飛びまわっている原子核や素粒子などの粒子。宇宙の彼方で起こっている現象のメカニズムを理解することで、宇宙進化の謎を明らかにする研究が進んでいる。多くの日本人が関連の研究でノーベル賞を授与されている。この大注目の宇宙線（素粒子）について、本書は、トコトンやさしく解説する。

山﨑耕造

B&Tブックス
日刊工業新聞社

はじめに

地球には銀河や太陽などの宇宙からのさまざまな放射線＝宇宙線が飛来し、私たちの体を透過しています。「宇宙線」はエネルギーの高い粒子線や電磁波でできています。これらの宇宙線の起源やその飛来について、地上や宇宙での望遠鏡による詳細な観測や理論構築により、宇宙線物理学が発展してきました。

高エネルギーの宇宙線からはこれまでに新しい素粒子も見つかっています。「素粒子」とは内部構造を持たない究極の粒子です。詳細な理解のために、巨大加速器実験や標準理論の構築も行われ、素粒子物理学も発展してきました。

本書では、「宇宙線」と「素粒子」とについての基礎を1～2章でやさしく解説します。宇宙線・素粒子に関しては歴史的にも日本の貢献は大きく、素粒子理論に関して湯川秀樹、朝永振一郎、小林誠・益川敏英博士がノーベル物理学賞を受賞しており、宇宙線・ニュートリノ実験に関しては小柴昌俊、梶田隆章博士の2人が受賞しています。

銀河宇宙線の起源は星の最後としての超新星爆発の残骸と考えられており、太陽からは太陽風とフレアと呼ばれる太陽表面爆発時の放射線があり、これらの粒子が地磁気につかまってできた放射線帯や、地球の大気中で変化した2次宇宙線もあります(3〜6章)。
地球は地磁気と大気により宇宙線から守られてきましたが、宇宙線は国際宇宙ステーションの航行や近未来の火星旅行計画にも悪い影響を及ぼします、太陽フレアの影響も多大です。宇宙線と素粒子の防護とそれらの応用も社会生活に役立っています(7〜8章)。
未知の宇宙線や素粒子もあります。2016年に初めて観測された重力波も広い意味での宇宙線といえますが、2017年10月には米国の関連研究者3名にノーベル物理学賞が授与されています。今後、未知の物質・エネルギーとしての暗黒物質・暗黒エネルギーの解明と宇宙像の解明が進むことを期待したいと思います(9章)。
それでは、まずは宇宙線・素粒子とは何かを考え、銀河宇宙線、太陽宇宙線、放射線帯、そして、2次宇宙線を考えます。さらに、宇宙線・素粒子の影響と防護・応用、そして、未知の宇宙線・素粒子について、順にやさしく述べていきましょう。

2017年12月吉日

山崎耕造

トコトンやさしい

宇宙線と素粒子の本

目次

第1章 宇宙線はどこからきているの？

第2章 ノーベル賞でも注目された素粒子の発見

第5章
放射線帯の構造を見てみよう

第6章
2次宇宙線を観測する

第7章
宇宙線が地球に与える影響

第8章 宇宙線・素粒子の防御と利用

第9章 未知の宇宙線・素粒子と宇宙の謎

コラム（科学と映画）

第1章

宇宙線はどこからきているの?

1 宇宙線とは？

宇宙からの放射線

「うちゅうせん」と聞くと、まず思い浮かぶのが「宇宙船」かもしれません。この本のテーマは、「宇宙船」ではなくて「宇宙線」です。パソコンの検索アプリGoogleで「宇宙線」を検索すると150万件ほどがヒットしますが、「宇宙船」ではその3倍以上の件数です。やはり「宇宙船」のほうに話題性がありそうですが、実は「宇宙線」は物質に関連する基本的なテーマ（基本粒子のテーマ）なのです。「宇宙線」とは「宇宙からの放射線・粒子線」と定義されます。

放射線には人工放射線と自然放射線があります。医療でのX線撮影や原子炉内の放射線は「人工放射線」です。一方、地面や天空からの放射線が「自然放射線」です。大地からの放射線と異なり、天空からはエネルギーのはるかに高い放射線が降り注いでいます。これが「宇宙放射線」あるいは「宇宙線」です。英語ではcosmic rayです。

そもそも、日本語の「宇宙」の語源は紀元前2世紀（前漢時代）の淮南子の斉俗訓に由来します。「往古来今、之を宙と謂い、四方上下、之を宇と謂う」すなわち、「宙」は昔から今までの時間を表し、「宇」は東西南北・天地の空間を表していますので、宇宙で「時空」を意味していることになります。一方、英語の〝コスモス（cosmos）〟は、ギリシャ語の「Kosmos」に相当し、「秩序」「飾り」「美しい」という意味の言葉に由来しています。

宇宙からの重要なメッセージが宇宙線の中に含まれています。狭い意味での「宇宙線」は、宇宙からの高エネルギーの粒子線です。一方、広い意味では、宇宙から飛来するものすべてであり、高エネルギー粒子線の他に、エネルギーの低いプラズマ粒子束、太陽光やガンマ線などの電磁波、さらに、重力波も含めることができます。宇宙線の謎を解明することで、未知の暗黒物質や暗黒エネルギーなど、宇宙のさまざまな現象が明らかとなるのです。

要点BOX

- 宇宙線とは「宇宙からの放射線」
- 宇宙線は、医療や大地からの放射線に比べ、エネルギーがはるかに高い自然放射線

宇宙船か？　宇宙線か？

宇宙からの放射線＝宇宙線

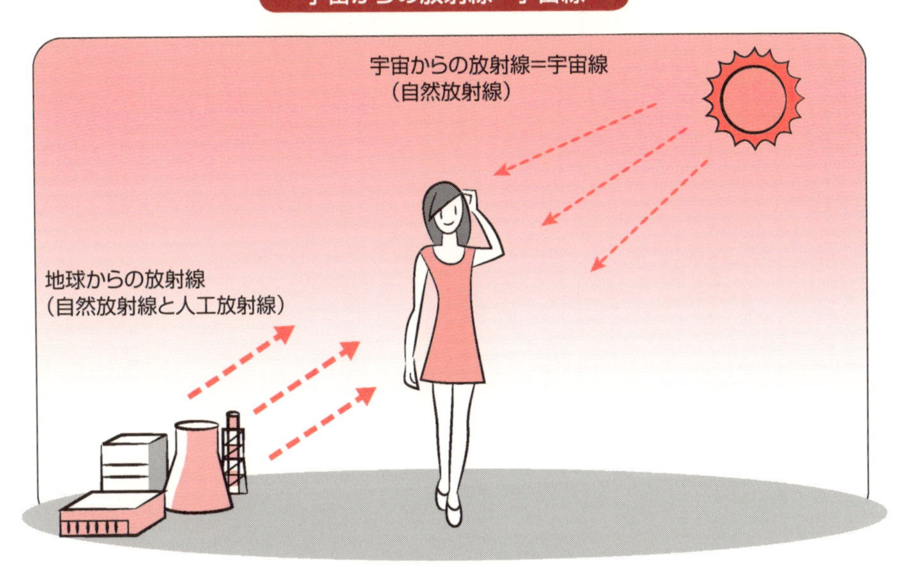

2 放射線はどのように発見されたか？

レントゲンのX線とベクレルの放射能

宇宙線は放射線の一種なので、放射線の発見の歴史から振り返ってみましょう（左頁図）。

ガラスの放電管の中に2本の電極を入れ、真空にして数千ボルトの電圧をかけると陰極線（電子線の発見は1897年）が観測されます。この実験で、1895年にドイツのヴィルヘルム・レントゲン（1845～1923年）は感光作用をもつ不思議な光線（X線）を発見しました。これは現在レントゲン撮影で利用されている「人工放射線」です。

一方、翌年の1896年には、フランスのアンリ・ベクレル（1852～1908年）が、ウラン鉱石から「自然放射線」が放出されていることを明らかにし、「放射性物質（放射能）」を発見しています。これらの発見で、レントゲンは1901年に第1回ノーベル物理学賞を、ベクレルは1903年にノーベル物理学賞を受賞しています。

電気量（電荷）の有無は箔検電器により検査することができます。箔検電器では、導体板に電荷を与えると導体板の反対側に取り付けた2枚の金属箔が静電気による反発力でY字型に開くことで、電荷があることがわかります。箔検電器を導電性のガスの中に置くと導体部にある電気がガス中に漏れてしまい、開いていた逆Y字型の箔がゆっくりと閉じます。大気はわずかな導電性を持っていることがわかっていましたが、その電荷がなくなる原因は大地からの自然放射線であると考えられていました。

大地以外からの放射線に関して、1909年、フランスの僧侶テオドール・ウルフがエッフェル塔（屋上300メートル）に登り、検電器による観測を行いました。山の上や海の上での放射線の観測も、イタリアの物理学者ドメニコ・パチーニにより1911年になされています。しかし、宇宙からの放射線の明確な検証にはオーストリアの科学者ヘスの実験を待たなければなりませんでした。

要点BOX
- ●レントゲンのX線は人工放射線
- ●ベクレルの放射性物質からの自然放射線
- ●エッフェル塔上での放射線の測定

放射線の発見の歴史

年代

1895年　陰極管からのX線

レントゲンによる発見

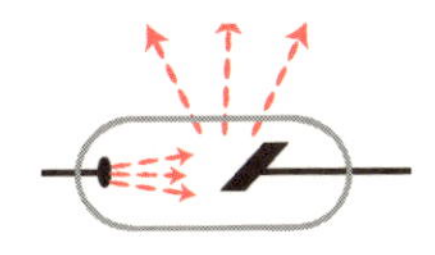

レントゲンのX線

1896年　ウラン鉱石（土壌）

アンリ・ベクレルによる地上の
放射性物質の存在を確認

ベクレルの放射性物質

1909年　エッフェル塔上（高所）

テオドール・ウルフによる
エッフェル塔（屋上300メートル）での観測
➡検電器により、放射線の強度の変化なし
（宇宙からの飛来は明確化されず）

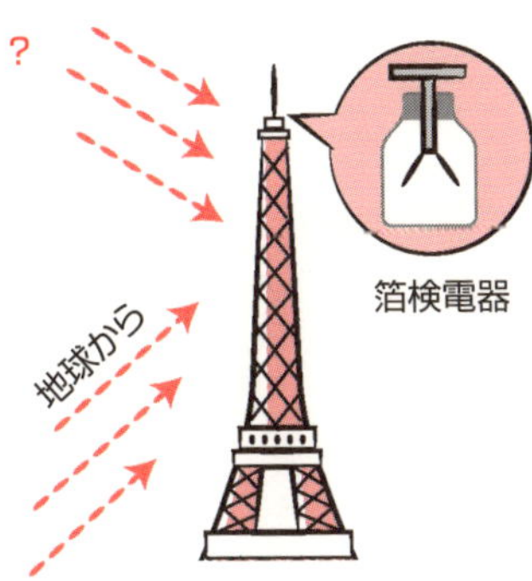

エッフェル塔

1911年　山の上、海の中

イタリアの物理学者ドメニコ・パチーニ

1912年　気球（大空）

ヴィクトール・ヘスが気球に乗り観測

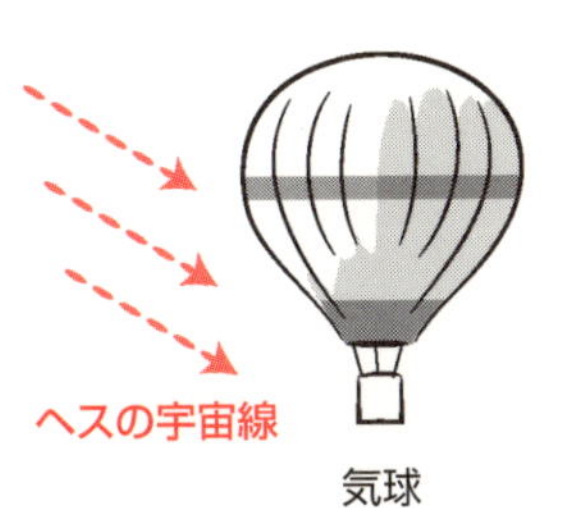

気球

3 宇宙線の発見者は誰か？

ヘスによる気球での観測

かつて放射線は地中からのみ放射されていると考えられていましたので、上空に行くほど放射線が弱くなると考えられていました。エッフェル塔などでの高所での実験（前節）も試みられましたが、宇宙からの放射線は明確化できませんでした。

１９１２年にオーストリアの科学者ヴィクトール・フランツ・ヘス（１８８３年～１９６４年）は高度5キロメートルまで気球に乗って放射線を観測し、予想に反して高度が高くなるほど放射線量が増えることを示しました（左頁図）。また、日食時も観測を行い、これが太陽からの放射線でないことも確認しています。これにより、放射線は大地からだけではなく、宇宙からも到来していることが証明されたのです。高度５㎞では海面よりも2倍の放射線強度が観測されました。ヘスの観測結果はドイツのコールホルスターによって明確化されました（左頁下図）。

ヘスによる宇宙からの放射線の発見は１９２５年にアメリカのロバート・A・ミリカン（１８６８年～１９５３年）により再確認され、彼により「宇宙線（cosmic ray）」と名付けられました。

当時、放射線の正体が何なのかは様々な議論がありました。宇宙線は電磁波としての「光子」であるとミリカンは考え、一方、アメリカのアーサー・コンプトン（１８９２年～１９６２年）は「荷電粒子」だと主張しました。宇宙線が地球の磁気により方向を変えることから、コンプトンの荷電粒子説が正しいことが判明しました。

宇宙線の発見により、核物理学の新しい扉が開かれ、カール・D・アンダーソンにより、プラスの電荷を持つ電子であるポジトロン（陽電子、電子の反粒子）とミュオン（ミュー粒子）とが宇宙線の中から発見されました。これらの功績でヘスはアンダーソンと共に１９３６年にノーベル物理学賞を受賞しています。

●気球に乗っての観測で、ヴィクトール・ヘスが宇宙線を発見
●宇宙線により、上空ほど放射線が増加する

宇宙線の発見

宇宙線の発見者
ヴィクトール・フランツ・ヘス
(1883−1964年)
オーストリア生まれの物理学者
1936年ノーベル物理学賞受賞

出典: http://www.nobelprize.org/

1912年
気球に乗り放射線観測をする
ヘス博士(中央)

出典:米国物理学会

宇宙線の実験結果

ヘスによる結果(1912年)

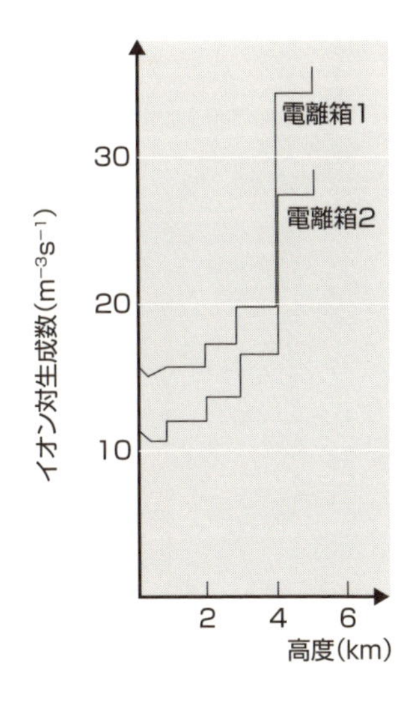

コールホルスターによる結果(1913、1914年)

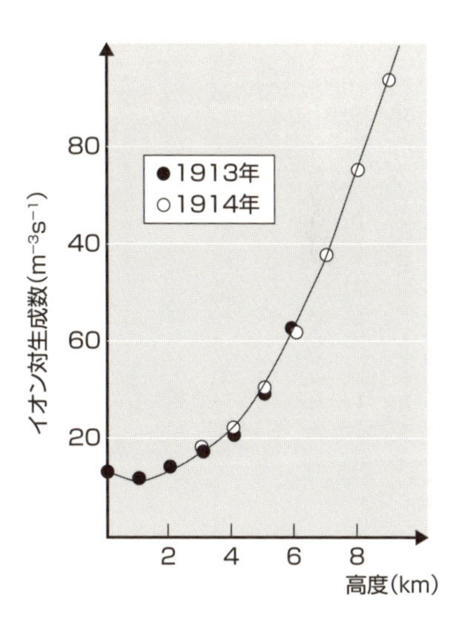

4 宇宙線と放射線とはどう違うの？

宇宙からの自然放射線

「宇宙線」とは宇宙から飛来する「放射線」です。まず、一般的な放射線の分類を考えてみましょう。

第一に、電離作用の有無で放射線を分類できます（左頁上図）。放射線は物質中を通過するときには周りを電離して、様々な影響を及ぼします。これを「電離放射線」と呼び、ガンマ線などのエネルギーの高い電磁放射線や、陽子線、電子線、パイ中間子線、などの粒子線があります、一方、「非電離放射線」としては、紫外線、可視光線、電波などのエネルギーの低い電磁放射線があります。

第二に、放射線の成分で電磁放射線と粒子放射線とに分類できます（8）。電磁波のうち、電波、マイクロ波、赤外線、可視光線、紫外線はエネルギーの低い（周波数が低く、波長が長い）電磁波であり、X線やガンマ線はエネルギーの高い（周波数が高く、波長が短い）電磁波です。エネルギーの高い後者のみを狭い意味で「電磁放射線」と呼ぶ場合があります。「粒子放射線」としては、荷電粒子としての電子線（ベータ線）、陽子線、ヘリウム線（アルファ線）、軽イオン線、重イオン線、などがあり、非荷電粒子としては中性子線などがあります。

第三に、放射線の源から自然放射線と人工放射線とに分類することもできます（左頁下図）。「自然放射線」のうち、外部被曝の線源として、地球からと宇宙からがあり、内部被曝の線源として、呼吸大気からと食物から、に分類できます。「人工放射線」としては、各種医療放射線機器、原子炉等の設備からの放射線や、核実験により大気へ放出される放射線物質などがあります。

宇宙からの自然放射線を広い意味での宇宙線（宇宙放射線）と呼ぶと、太陽光としての可視光も含まれます。一方、狭い意味での宇宙線を高エネルギーの粒子線に限定する場合が多く、高エネルギー粒子宇宙線と呼ぶことができます。

要点BOX
- ●放射線には電磁放射線と粒子放線がある
- ●自然（宇宙と大地）と人工の放射線
- ●太陽光も広い意味での宇宙線

放射線とは

（狭義には電離放射線）

放射線の電離作用からの分類

電離放射線　粒子線…アルファ線、ベータ線、陽子線、中性子線、など
電磁波…ガンマ線、エックス線

空気を電離する

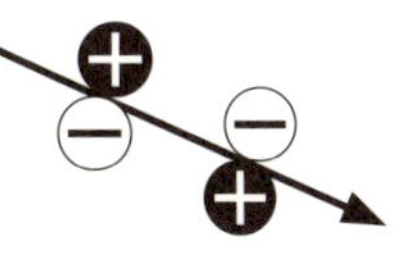

非電離放射線　紫外線、可視光線,赤外線、マイクロ波、など

空気を電離しない

宇宙線とは

宇宙からの自然放射線
（狭義には宇宙からの高エネルギー粒子線）

放射線の源からの区分

自然放射線　●宇宙から = 宇宙放射線（宇宙線）
銀河、太陽、放射線帯など）

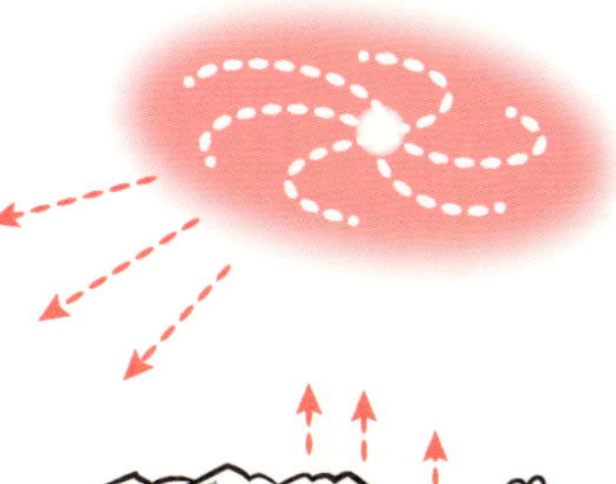

●地球から
（大地、大気、食物、体内など）

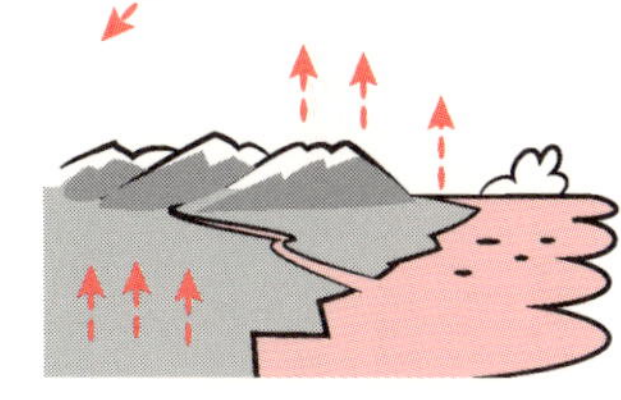

人工放射線　●地上の人工物から
（医療機器、原子炉など）

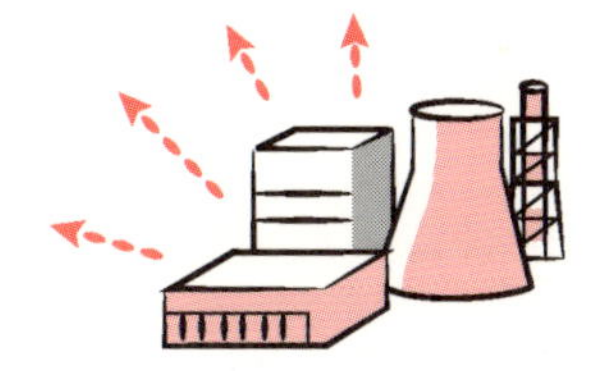

5 宇宙線は目で見える？

霧箱とスパークチェンバー

宇宙線は主に高エネルギーの陽子でできています。陽子の半径は、1ミリメートルの1兆分の1のさらに1万分の1（10^{-15}メートル）ですので、到底肉眼で見ることはできません。しかし、特別な装置（霧箱、スパークチェンバー、原子核乾板など）を使えば、宇宙線の痕跡を肉眼で見ることができます。

第一に「霧箱」の利用があります。宇宙線は電離放射線であり、空気などの物質の中を通ると、物質にエネルギーを与えて分子や原子を電子とイオンに電離（イオン化）させます。特に、エタノールなどの霧の蒸気が過飽和の状態のときには、この電離した電子とイオンが核（凝結核）となって霧の蒸気が液化して付着し（凝結し）、宇宙線が通った跡が液滴のスジとして肉眼で見えることになります（左頁上図）。霧箱中に温度勾配を作って過飽和水蒸気を作る方法は「拡散霧箱」と呼ばれ、空気を膨張させることで過飽和状態を作る方法は「膨張霧箱」、あるいは「ウィルソン霧箱」と呼ばれています。

第二に「スパークチェンバー」があります。電極間にヘリウムなどの不活性ガスを入れた場所に宇宙線が入ると、ヘリウムガスは電離し、そこに高電圧をかけると電子が加速されて他のヘリウム原子をさらにイオン化して、電子数が急激に増える「電子なだれ」現象が起こります。電圧印加が短時間であればスパーク放電が起こります。電極対を多数並べて、宇宙線が通過したときだけ電圧が印加されるように電子回路で制御することで、宇宙線の軌跡を明確に見ることができます（左頁下図）。

宇宙線の軌跡や反応を観測するために写真の技術を応用した「原子核乾板」も古くから用いられています。また、高電圧を加えて宇宙線による電離した電荷を電極に集め、電気量の変化から放射線の強さを測定する電離箱もあり、放射線による静電気を検出するための箔（はく）検電器も使われてきています。

要点BOX

- ●霧箱では過飽和エタノール中に宇宙線により凝結核ができる
- ●宇宙線の軌跡や反応の確認は原子核乾板を利用

霧箱の原理

(1)宇宙線が瞬時に空気分子をイオンと電子に電離する。

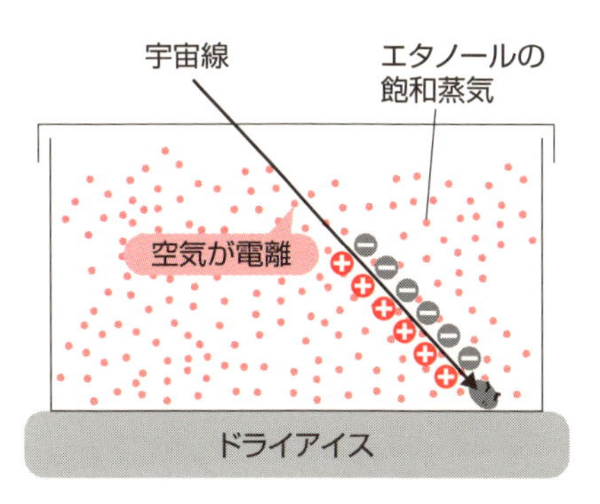

(2)イオンと電子がエタノール蒸気の霧を集め、宇宙線の通った跡がエタノールの雲となって見える。

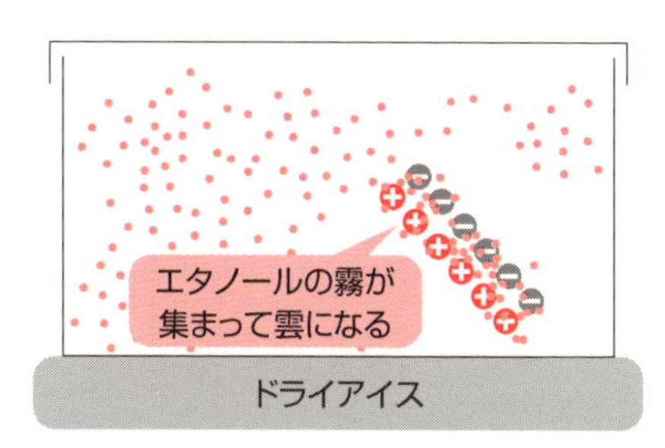

スパークチェンバーの原理

(1)宇宙線が瞬時にヘリウムガスを電離し、電子を生成する。

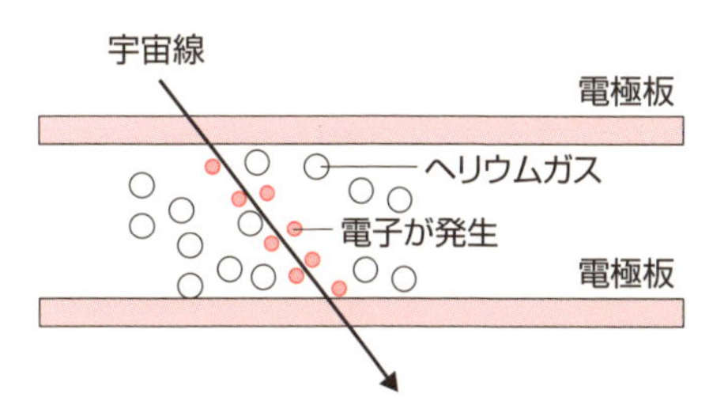

(2)高電圧をかけると,飛跡に沿って放電する。

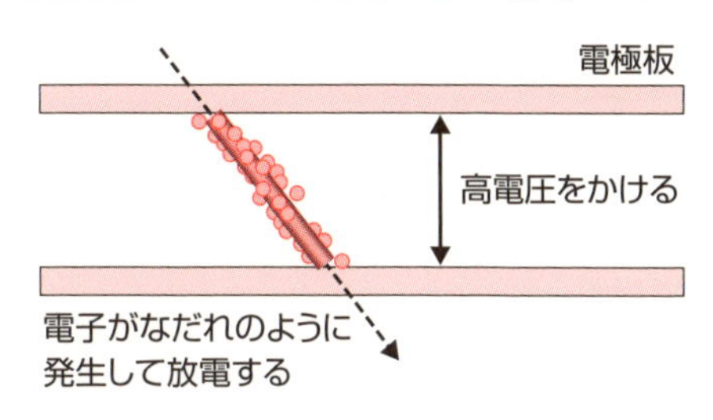

(3)宇宙線が入射したことをシンチレータで検知し、多くの電極の高電圧を制御して、宇宙線の飛跡を可視化する。

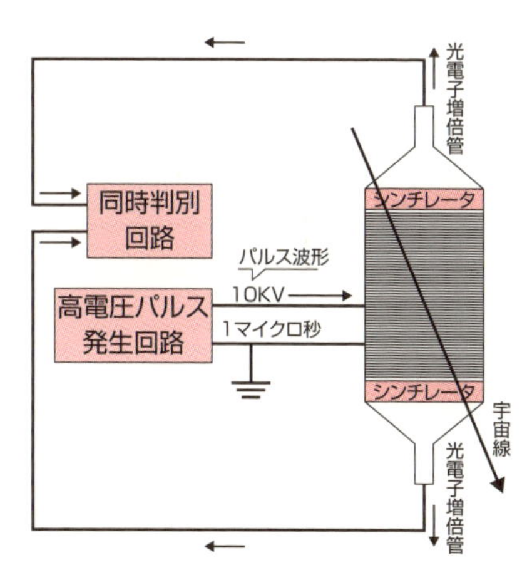

6 宇宙線のエネルギーは？

単位は電子ボルト

宇宙線のエネルギーは地中からの放射線のエネルギーに比べて非常に高いのが特徴です。国際単位系でのエネルギーの単位は「ジュール」（記号はＪ）であり、およそ０・１キログラムの物に加わる１ニュートンの重力に抗して物を１メートル持ち上げるエネルギーが１ジュールです。熱量の単位として「カロリー」（記号はcal）が用いられ、１グラムの水の温度を１度上げるのに必要なエネルギーは１カロリーであり、４・２ジュールに相当します。

例えば可視光線の光子のエネルギーはおよそ10^{-19}ジュールであり、非常に小さな量なので、ジュールと異なる単位を用いた方が便利です。静止している電子が１ボルトかかっている極板間を加速して移動するためのエネルギーが「電子ボルト」（記号はeV）として用いられており、１電子ボルトは１.６×10^{-19}ジュールです。可視光線は数電子ボルト、医療用X線は数千～数万電子ボルトであり、太陽のコロナは百電子ボルト（温度は百万度）に相当します。

宇宙線陽子のエネルギーを横軸に、陽子の量を縦軸にとったエネルギー分布（エネルギースペクトル）を左頁下図に示しました。宇宙線同士がぶつかり合って最終的な状態（熱的平衡状態）となる場合にはマックスウェル・ボルツマン分布と呼ばれる指数関数曲線となりますが、べき乗関数となっているので、高エネルギー粒子の生成は特別な加速（22）によると考えられます。エネルギー分布（エネルギースペクトル）はエネルギーのおよそ3乗に反比例しますが、宇宙線の起源の違いが比例線の曲りを足の形になぞらえて「ひざ」と「足首」として反映されています。１テラ電子ボルト（$1TeV=10^{12}eV$）は銀河系（天の川銀河）内の宇宙線陽子であり、１ペタ電子ボルト（$1PeV=10^{15}eV$）から１エクサ電子ボルト（$1EeV=10^{18}eV$）までは銀河系外からと考えられています。

要点BOX

- ●エネルギーの単位はジュールとカロリー
- ●宇宙線・素粒子のエネルギー単位には電子ボルトが使われる

エネルギー(仕事)の単位

ジュール(J)

1ニュートン(N)の力で物を1メートル 動かす仕事
(およそ0.1キログラムの物を1メートル持ち上げる仕事)
1クーロン(C)の電荷を1ボルト(V)の電位差に抗して動かす仕事

$$1J=1N\cdot m=1kg\cdot m^2/s^2=1C\cdot V$$

カロリー(cal)

1グラムの水を1度上げる熱量　1cal=4.2J

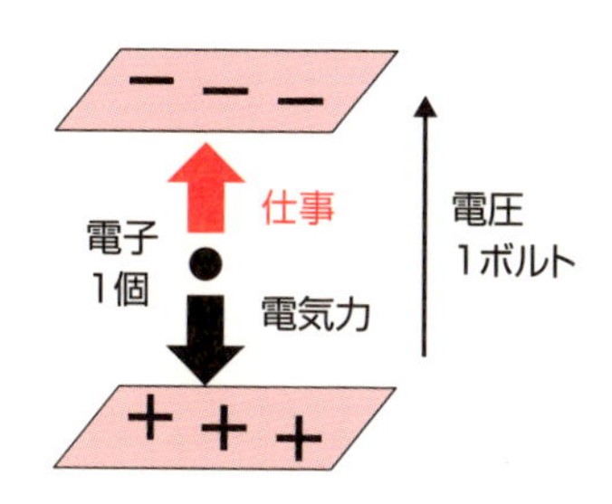

電子ボルト(eV)

(電子の電荷は1.6×10^{-19}C)
電子を1ボルトの電位差に抗して動かす仕事

$$1eV=1.6\times10^{-19}J$$

宇宙線陽子のエネルギー分布

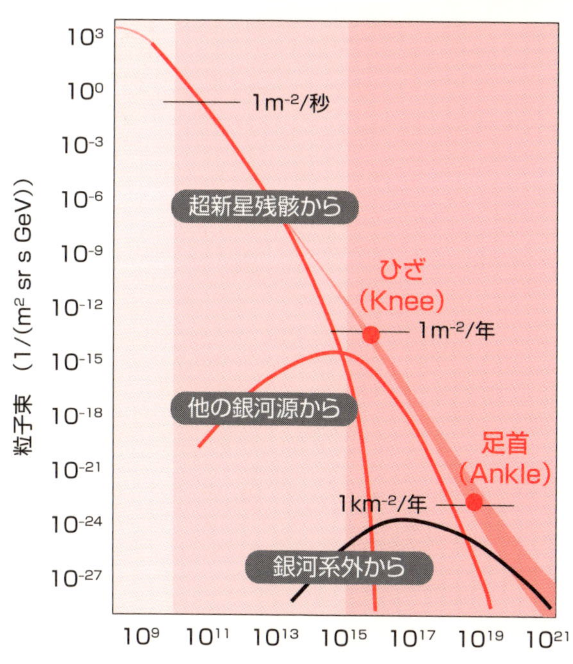

エネルギー分布はエネルギーのおよそ3乗に反比例

宇宙線の起源の違いが比例線の曲りを足の形になぞらえて「ひざ」と「足首」で明示

7 宇宙線はどこからくる？

太陽風と銀河風

宇宙線の発生源や生成過程から、宇宙線（宇宙からの放射線）を分類することができます。

第一に「銀河宇宙線」です。狭い意味での宇宙線は、私たちの銀河（天の川銀河）内の超新星残骸で加速された高エネルギーの粒子放射線です。この銀河宇宙線の主な成分は陽子です。私たちの身近な物質を形作っている電子と核子（陽子・中性子）とはまるで異なる様々な粒子も地球に飛んできています。電磁放射線も飛び交っています。これらは「銀河風」と呼ばれます。

第二は「太陽放射線」です。銀河風と異なり、太陽からは「太陽風」と呼ばれる磁場を含んだプラズマ流（電子とイオンの流れ）やニュートリノ（中性微子）が放出されています。特に、太陽フレア（太陽面爆発）が起こったときに強力な宇宙線が飛来します。太陽の可視光線も、非電離放射線を含めた広い意味では太陽宇宙線と呼ぶことができます。

第三は「放射線帯（バン・アレン帯）」からの宇宙線です。地球磁場に捕捉されている荷電粒子でできており、太陽活動により地球磁場が変動しますので、地球近傍の放射線帯粒子束の変動が起こります。

天の川銀河の外からの超高エネルギーの放射線もあります。これは「銀河系外宇宙線」です。宇宙に満ちている背景放射との相互作用により、40エクサ電子ボルト（40EeV,4×10^{19}eV）以上の宇宙線は地球には届かないという理論もあります（23）。

宇宙線の生成過程からの分類もできます。地上へ降り注ぐ宇宙線は大気や地磁気により少なくなります。宇宙からの放射線は「1次宇宙線」と呼ばれ、1次宇宙線が地球の大気圏内の原子と反応して発生する放射線は「2次宇宙線」と呼ばれます。1次宇宙線粒子のほとんどが陽子であるのに対して、2次宇宙線として、パイ中間子やミュー粒子、ガンマ線、など様々な粒子が大気中で生成されています。

- 1次宇宙線は、銀河宇宙線、太陽宇宙線、放射線帯など
- 2次宇宙線は、大気中で1次宇宙線から発生

宇宙線の分類

起源からの宇宙線の分類

銀河系外宇宙線
銀河宇宙線（天の川銀河）
太陽宇宙線（太陽圏）
放射線帯（磁気圏）

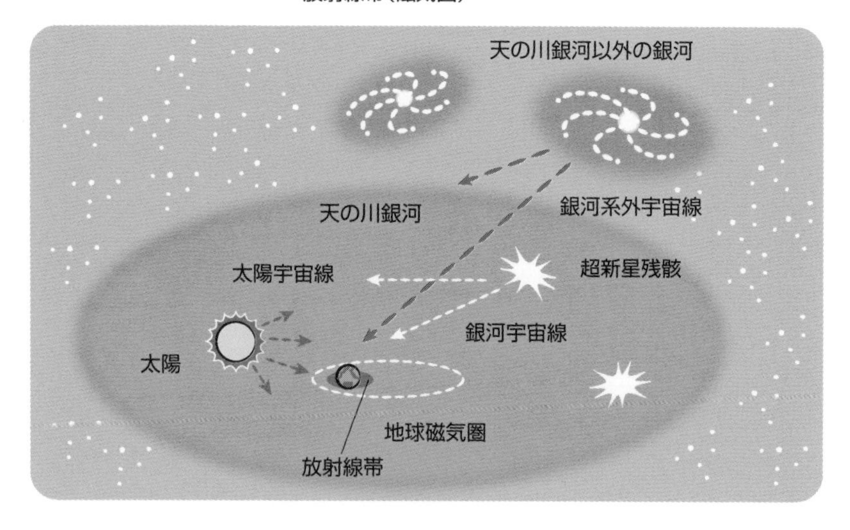

生成過程からの分類

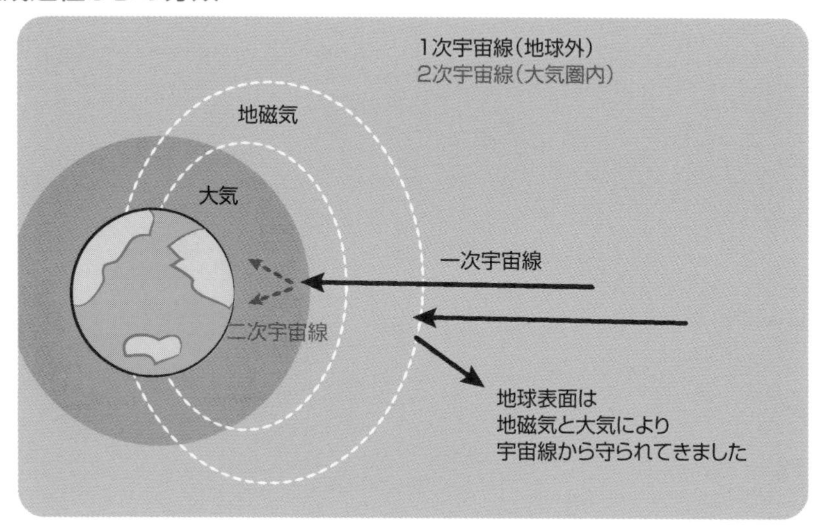

8 宇宙線は何でできている？

電磁波説と粒子説

宇宙線が何でできているかの論争が、1925年頃にアメリカの2人の物理学者、ミリカンとコンプトンとで行われました。ここでの宇宙線とは、太陽宇宙線を含めない狭い意味での銀河宇宙線を意味しています。油滴実験での電荷の測定で有名なロバート・ミリカン（1868年～1953年）は宇宙線電磁波説を唱えました。一方、アインシュタインの光の粒子説を用いて光子と電子との衝突を研究していたアーサー・コンプトン（1892年～1962年）は宇宙線粒子説を提唱していいます。

もともと、光には波と粒子の二重性がありますが、光子は質量がゼロであり、磁場により曲げられません。一方、荷電粒子であれば地球の磁場により影響を受け、軌道が曲がることになります。赤道付近よりも極付近で宇宙線の強さが大きくなることなど、宇宙線はコンプトンの考えた荷電粒子、主に陽子であることが判明しています。

一般的には、宇宙線には「粒子放射線」の他に「電磁放射線」も含まれます。太陽光も電磁波のひとつですが、周波数が更に短くエネルギーが高い電磁波として、X線やガンマ線があります。電磁波はエネルギーに関係なく一定の速度（光の速度）で伝わります。

一方、粒子線として、質量を持つ中性子線、質量と電荷を持つ電子線、陽子線などがあり、エネルギーによって速度は異なります。宇宙線の中には、ヘリウムなどの軽粒子線や多数の核子（陽子と中性子）で作られている重粒子線もあります（左頁上図）。

宇宙線と呼ぶときには、通常1ギガ電子ボルト（10^9 eV）以上の粒子をさしますが、銀河宇宙線の9割近くが陽子で、ヘリウムがおよそ1割です。その他に炭素や酸素などがあり、鉄までの元素が確認されます。一方、太陽宇宙線では陽子は9割ですが、ヘリウム原子核は数パーセントとしかありません。

要点BOX

- ●ミリカンの宇宙線電磁波説と、コンプトンの宇宙線粒子説
- ●狭義の宇宙線の主な成分は荷電粒子（陽子）

電磁放射線と粒子放射線

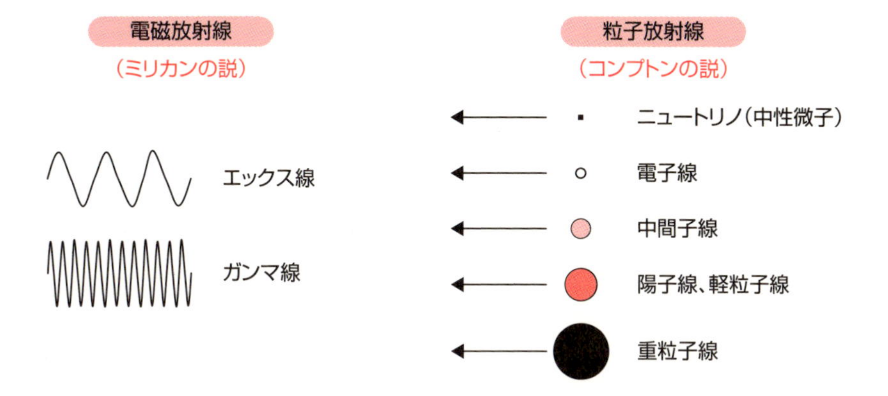

銀河宇宙線成分のエネルギー分布

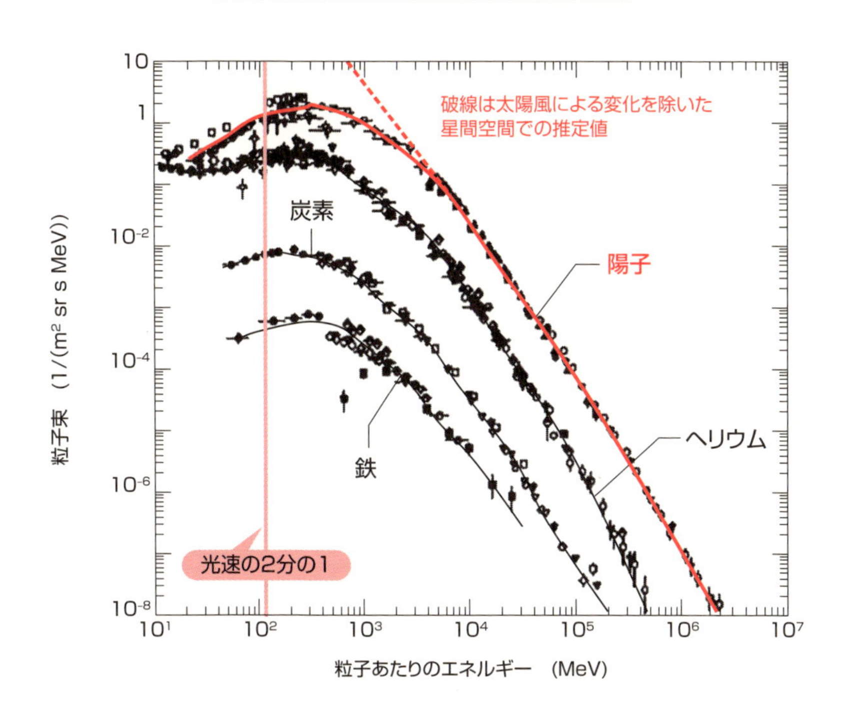

9 宇宙線による元素生成とは？

宇宙線による核破砕反応

宇宙はビッグバンから始まり、素粒子としてのクォークとグルオンとでできたスープから陽子が生成されました。その後、陽子同士の核融合反応でヘリウム原子が、そして、星の中心で炭素や酸素が合成され、シリコンや鉄の元素が合成されました。さらに、それらの星の重力崩壊（超新星爆発）により、鉄以上の重元素が作られ、それらが宇宙空間にばらまかれました。以上のように、宇宙での元素生成は、⑴ビッグバンでの原子核合成（ヘリウム4元素まで）、⑵太陽などの恒星内部での核融合反応（鉄元素まで）、⑶超新星爆発での中性子捕獲（ウランなどの重元素）、の3つのプロセスがあります。これが、太陽系での元素生成の仕組みです。

一方、太陽系外の宇宙では、もう1つのプロセスとして、⑷宇宙線による核破砕反応（ホウ素までの軽元素）があります。ここで、「核破砕反応」とは、加速した原子核が標的としての原子核に衝突したときに複数の破砕片に崩壊する反応です。

宇宙線の元素と太陽系の元素との成分の比較してみましょう（左頁下図）。宇宙線粒子の87％は陽子で、ヘリウムが12％です、その他の合計1％として炭素や酸素などがあります。これらの元素は完全に電離しており、電子は1％程度です。宇宙線の元素は太陽系の元素と比較して、水素やヘリウムの成分割合はほとんど同じですが、リチウム（原子番号3）、ベリリウム原子番号4）、ホウ素（ボロン、原子番号5）の割合が高くなっています。これは電子やヘリウムなどのさまざまな宇宙線が他の物質に衝突して、陽子や中性子が弾き出される核破砕反応により生成されたものと考えられています。

年代測定に利用される炭素の同位体（炭素14、半減期5千7百年）も、上空の大気中で宇宙線から生成される中性子が窒素14との核破砕反応により生成することが明らかとなっています。

要点BOX
●元素生成は、ビッグバン、星内部の核融合反応、超新星爆発、宇宙線による核破砕反応
●核破砕反応によりリチウムからホウ素まで

宇宙での元素生成

●ビッグバンでの原子核合成	ヘリウム4(^{4}He)まで
●恒星内部での核融合	鉄(Fe)まで
●超新星爆発での中性子捕獲	ウランなどの重元素
●宇宙線による核破砕	ホウ素(B)までの軽元素

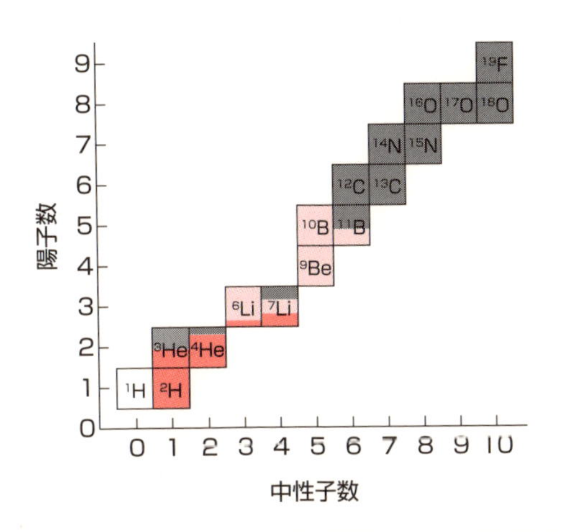

宇宙線元素と太陽系元素の成分比較

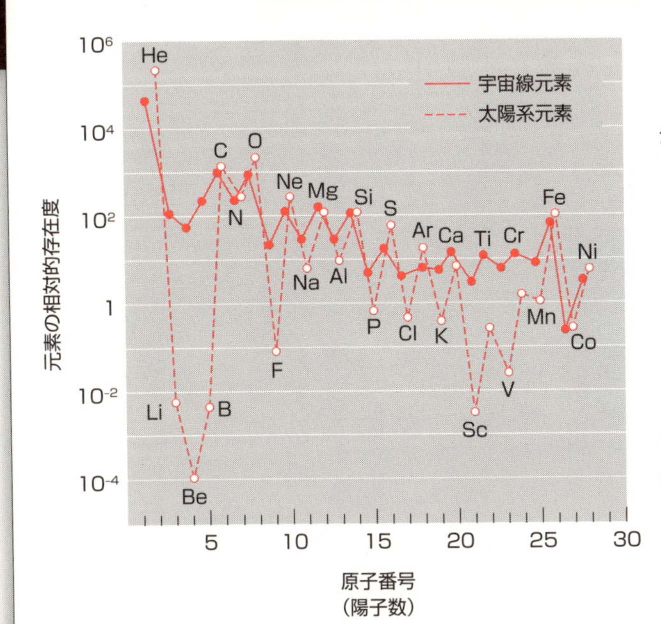

シリコン(Si)の割合を100として比較しました。

元素としては、図中の他に、水素、重元素があります。

Column

宇宙はどこまで広がっている？

SF映画「スター・ウォーズ」

宇宙には果てがあるのでしょうか？　その大きさはどれだけでしょうか？

宇宙は138億年前にビッグバンで生まれ、今も膨張しています。遠くの銀河はその時に生まれたので、遠くを見る事で宇宙の始まりを見ることができます。これは、光が届く観測可能な宇宙の果てです。

実は、宇宙は光よりも速く膨張しているので、本当の宇宙の果ては観測できません。地球から470億光年、直径としては940億光年が果てであると考えられます。

「遠い昔、遥か彼方の銀河で…」のテロップから始まるSF映画「スター・ウォーズ」はジョージ・ルーカス監督の代表作であり、SF映画界にとっての金字塔です。

数十万の国家としての星群より構成された「銀河共和国」があり、時が経つにつれ、政治の腐敗、統治秩序の崩壊で、共和国は分裂の危機を迎えていました。こうしたなか、古代より共和国の秩序を支えてきたジェダイと呼ばれる騎士団が奮闘します。だが、悪の力を信奉するシスが現れ、ジェダイを排除して強力な秩序の「銀河帝国」を目指します。

映画は、ジェダイとシスの攻防や、銀河共和国の未来を描いた全9部作の物語です。エピソード4「新たなる希望」から公開され、エピソード4～6が旧三部作であり、遡るエピソード1～3が新三部作です。さらに続三部作としてエピソード7～9の2年ごとの公開が続けられています。

スター・ウォーズの銀河は、光の届かない遠い宇宙の銀河なのかもしれません。

スター・ウォーズには未来技術が詰まっています。ジェダイの騎士の武器ライトセーバー、プラズマ・ウインドウ、ブラスター銃、ディフレクター・シールド、磁気浮上、反重力、人工臓器、カーボナイト冷凍、などの夢が若者の心をとらえます。今、様々な方法で、現在の科学技術はスター・ウォーズに追いつき始めています。

スター・ウォーズの銀河（架空）

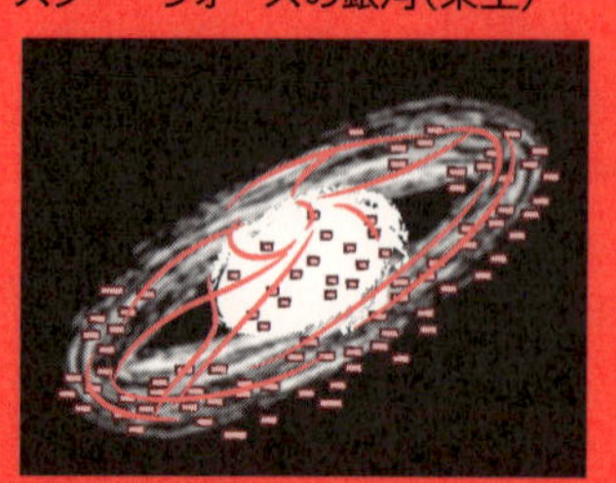

「スター・ウォーズ」
原題:Star Wars
原作:ジョージ・ルーカス
製作:1997年から　アメリカ
監督:ジョージ・ルーカス　など
配給:20世紀フォックス

第2章

ノーベル賞でも注目された素粒子の発見

10 素粒子とは？

クォークと電子

物質を分解していくと、それ以上分解できない究極の物質が得られると、古代から考えられてきました。古代ギリシャではデモクリトス（紀元前460年頃〜紀元前370年頃）がアトム（原子）とケノン（空虚）の原子論を唱え、近代では1808年にジョン・ドルトン（1766年〜1844年、イギリス）が原子論を提唱し、1911年にアーネスト・ラザフォード（1871年〜1937年、イギリス）が原子核模型を明らかにしました。

これ以上分割できない基本粒子で内部構造を持たないと考えられる粒子を「素粒子」と呼びます。例えば水の場合には、酸素と水素の原子の結合した「分子」があり、酸素の「原子」は「原子核」と「電子」に分解され、原子核は陽子、中性子の「核子」に分解されます（左頁上図）。さらに、核子は2種類の3個の「クォーク」とそれをつなぐ交換子と呼ばれる「グルオン」で構成されていることが明らかとなり、私たちの身の回りの通常の物質の素粒子は2種類のクォーク（u：アップクォーク、d：ダウンクォーク）とグルオンと電子（e：エレクトロン）だと考えられています。

電荷＋1の陽子では、電荷が＋2/3のアップクォーク2個と電荷が−1/3のダウンクォーク1個で構成されており、電荷を持たない中性子ではアップクォーク1個とダウンクォーク2個で作られています。宇宙線の中で観測できるメソン（中間子）では、2個のクォーク（クォークと反クォーク）でできていますが、通常の物質のクォークの他に反粒子や新しい素粒子との組み合わせで作られています。左頁下図では、電荷1／3を持つ正電荷パイ中間子と中性のケイ中間子の例を示しています。反粒子とは、粒子の電荷の正負が逆の粒子です。

現在では、素粒子の分類は「標準理論」（11）によりまとめられています。

要点BOX
●素粒子とは内部構造が無い基本粒子
●通常の物質は2種のクォーク、グルオンと電子
●クォークは単独で取り出せない

原子核と素粒子

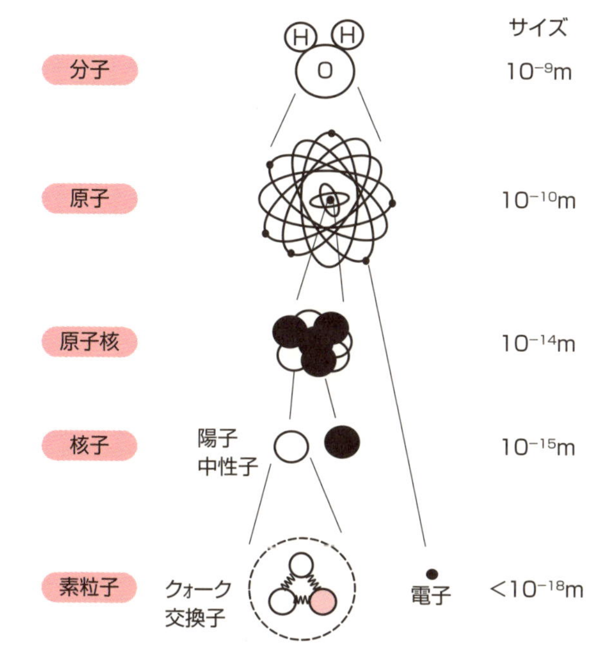

バリオンとメソンの構成

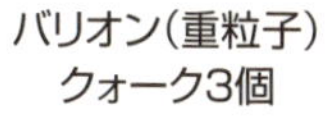

メソン(中間子)
クォーク2個

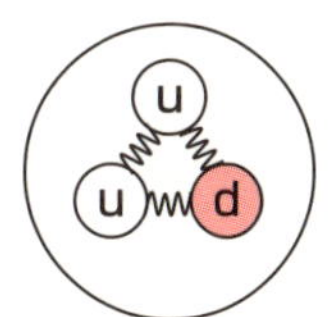

陽子
電荷　+1

u d d

中性子
電荷　0

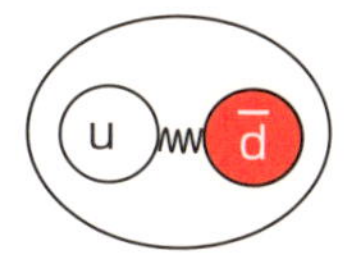

π^+中間子
電荷　+1

d $\bar{s}$

K^0中間子
電荷　0

u：アップクォーク
電荷　+2/3
d：ダウンクォーク
電荷　-1/3

$\bar{d}$：反ダウンクォーク
電荷　1/3
$\bar{s}$：反ストレンジクォーク
電荷　1/3

11 素粒子を分類する！

物質の基本粒子は、「レプトン（軽粒子）」としての電子と、原子核を構成する「バリオン（重粒子）」としての核子（陽子、中性子）があります。宇宙線の中には、核子の他にラムダ粒子などのバリオンがあり、さらにバリオンとレプトンとの中間の質量を持つ粒子「メソン（中間子）」もあります。バリオンは3個のクォーク、メソンは2個のクォークで構成されている複合粒子で、強い相互作用が働くので、「ハドロン（強粒子）」と呼ばれます（左頁上図）。

現在多くの実験で検証されている素粒子の理論は「標準理論」です。標準理論に従えば、物質を作る素粒子として、「クォーク」と「レプトン」とが各々6個ずつあり、2種類のクォークと2種類のレプトンを1つの組として「世代」と呼ばれています。第1世代のクォークはアップ（u）とダウン（d）の2種類であり、レプトンは電子（e）と電子ニュートリノ（ν_e）です。身の回りの物質の基本粒子は核子（陽子と中性子）と電子なので、第1世代のクォーク（u、d）で構成されています。第2世代では、クォークはストレンジ（s）とチャーム（c）であり、レプトンはミュー（μ）、ミューニュートリノ（ν_μ）です。第3世代はトップクォーク（t）とボトムクォーク（b）、タウ（τ）、タウニュートリノ（ν_τ）で構成されています、第3世代の素粒子は小林・益川理論で予言された粒子であり、電荷（C）とパリティ（P）に関する「CP対称性の破れ」が観測されていました。これらの物質の素粒子は「フェルミ粒子（フェルミオン）」と呼ばれています。

一方、力を伝える粒子が4つ、そして、質量を与える「ヒッグス粒子」があり、「ボース粒子（ボソン）」と呼ばれています。物質粒子の間に働く力を伝える粒子は「ゲージ粒子」と呼ばれ、4種類の力（電磁力、強い力、弱い力、重力）を伝える粒子の交換により力が生じると説明できます。

要点BOX

- 「標準理論」では
- CP対称性の破れの小林・益川理論
- 自発的対称性の破れの南部理論

複合粒子と素粒子の分類

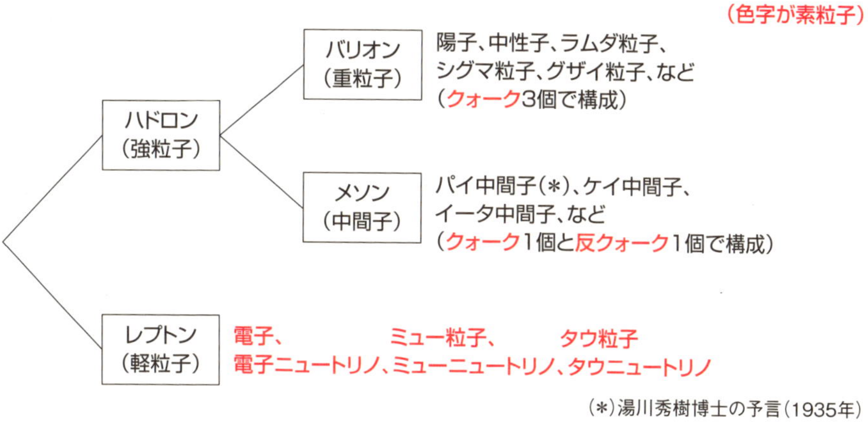

（色字が素粒子）

- ハドロン（強粒子）
  - バリオン（重粒子）：陽子、中性子、ラムダ粒子、シグマ粒子、グザイ粒子、など（クォーク3個で構成）
  - メソン（中間子）：パイ中間子（＊）、ケイ中間子、イータ中間子、など（クォーク1個と反クォーク1個で構成）
- レプトン（軽粒子）：電子、ミュー粒子、タウ粒子、電子ニュートリノ、ミューニュートリノ、タウニュートリノ

（＊）湯川秀樹博士の予言（1935年）

素粒子の分類

標準理論

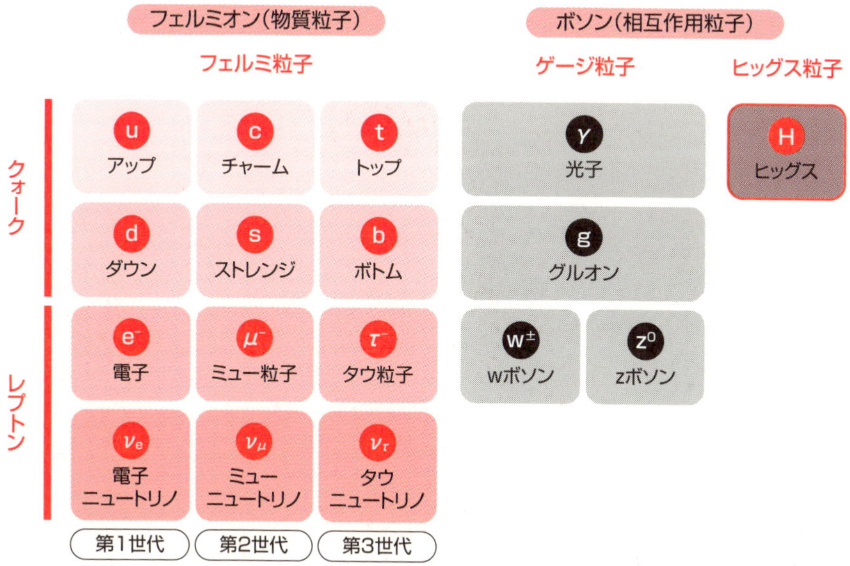

	フェルミオン（物質粒子）フェルミ粒子			ボソン（相互作用粒子）ゲージ粒子		ボソン（相互作用粒子）ヒッグス粒子
クォーク	u アップ	c チャーム	t トップ	γ 光子		H ヒッグス
クォーク	d ダウン	s ストレンジ	b ボトム	g グルオン		
レプトン	e^- 電子	μ^- ミュー粒子	τ^- タウ粒子	$W^\pm$ wボソン	Z^0 zボソン	
レプトン	ν_e 電子ニュートリノ	ν_μ ミューニュートリノ	ν_τ タウニュートリノ			
	第1世代	第2世代	第3世代			

12 宇宙線から新粒子の発見！

陽電子、ミュー粒子、パイ中間子

素粒子や複合基本粒子の発見は、実験室粒子加速装置、宇宙線、そして大型加速器によりなされてきました（左頁）。20世紀初めでは、粒子加速器を用いて高いエネルギーを作り出すことは容易ではありませんでした。1930年代以降には、新しい粒子が宇宙線により見つかりました（左頁中段）。

1932年に、米国のカール・デビッド・アンダーソン（1905−1991）は霧箱での観測により、宇宙線の中に電子とは逆のプラスの電荷を持つ粒子（電子の反粒子としての陽電子、ポジトロン）を発見しました。これは1928年に若きポール・ディラック（1902−1984）により理論的に予測されていた反粒子です。アンダーソンは1937年にも宇宙線の中に新しい粒子ミュー粒子を発見しています。理化学研究所の仁科芳雄博士のグループも独立に新粒子を発見していました。これは1935年の湯川秀樹博士の理論予測であった中間子と質量が同程度だったので、最初は間違ってミュー中間子と考えられていましたが、1942年に坂田昌一博士により中間子とミュー粒子は異なることが理論化されました。1947年には宇宙線によるパイ中間子が見つかり、1949年の湯川秀樹博士のノーベル賞受賞につながりました。

宇宙線は高エネルギーなので新粒子の発見に大きく寄与しましたが、詳細な測定や再現性の確認には難がありました。1960年代以降は、大型加速器による詳細な実験により、新粒子の発見が相次ぎました（左頁下段）。1964年に理論予測されたアップクォーク、ダウンクォークも1968年に加速器により発見されました。また、1973年の小林・益川理論に関連するボトムクォークとトップクォークも1977年と1995年に発見され、南部陽一郎博士を含めて小林誠博士、益川敏英博士が2008年にノーベル賞を受賞する契機となりました。

要点BOX
- ●反粒子としての陽電子の発見は宇宙線から
- ●宇宙線でのパイ中間子の発見が湯川博士のノーベル賞受賞につながった

素粒子、複合基本粒子の予測と発見

年	粒子名(質量、発見者·加速器名)	←	理論予測者
実験室での発見			
1897年	電子(0.51Mev,トムソン)	←	クルックス(1875年)
1918年	陽子(0.94GeV,ラザフォード)		
1932年	中性子(0.94GeV,チャドウィック)	←	ラザフォード(1920年)
宇宙線での発見			
1932年	陽電子(0.5MeV,アンダーソン)	←	ディラック(1928年)
1937年	ミュー粒子(0.10GeV,アンダーソン)		
1947年	パイ中間子(0.14GeV,パウエル)	←	湯川秀樹(1935年)
1956年	電子ニュートリノ	←	パウリ(1930年)
1962年	ミューニュートリノ	←	(1940年代)
大型加速器による発見(主に1960年代以降)			
1955年	反陽子(0.94GeV,BEVATRON)		
1968年	アップ、ダウン(SLAC)	←	ゲルマン(1964年)
1974年	チャーム、ストレンジ(SLAC)	←	グラショー、他(1970年)
1975年	タウ粒子(1.8GeV,SPEAR)		
1977年	ボトム (4.2GeV,Tevatron)	←	小林、益川(1973年)
1995年	トップ (172GeV,Tevatron)	←	小林、益川(1973年)
2000年	タウニュートリノ(DONUT)	←	(1975年)
2012年	ヒッグス粒子 (246 GeV,LHC)	←	ヒッグス(1964年)

湯川秀樹
1949年　ノーベル賞受賞

小林誠,　益川敏英
2008年　ノーベル賞受賞

13 素粒子間の力は？

強い力と弱い力

物質の間には4種類の力が働いています。重力、電磁力、強い力、弱い力です。

宇宙での大きなスケールの力は、ニュートンの林檎で有名な「重力」です。質量をもつ2つの物体（素粒子）の間に働く引力です。重力の強さは、他の3つの力に比べて非常に弱いけれども、力の及ぶ距離は非常に長く、遠くまで力が働きます。

電磁石の作用や原子・分子レベルの化学燃焼に関連する力は、マックスウェルの「電磁力」です。電荷を持つ粒子（荷電粒子）に働く力であり、同符号の電荷では斥力、異符号の電荷では引力です、磁場に関する力も働きます。

さらに極微の世界である原子核内の核力としては「強い力」が存在し、原子炉等で利用されています。クォーク同士を結び付けて核子を構成する力であり、4つの力の中で最も強い力ですが、力の到達距離はハドロンの大きさ（10^{-15}メートル）程度で、非常に短いことがわかっています。この力は、クォークで構成されている核子（陽子、中性子）の間にも働く力であり、原子核を構成する力です。

また、「弱い力」は原子核の放射性崩壊の原因をなす力であり、素粒子の崩壊を引き起こす力です。たとえばベータ崩壊の場合には、中性子が陽子に変換し、電子と反電子ニュートリノとが放出されます。弱い力の到達距離は強い力の距離の千分の1であり、10^{-18}メートル程度です、

宇宙誕生時の極微で超高エネルギーの世界では、これら4つの力は1つであったと考えられ、宇宙の冷却とともに上記4つに分岐したと考えられています。物質を構成する素粒子はレプトンとクォークであることを述べました（11）が、4つの力がこれら素粒子にどのように作用するかを左頁下図にまとめました。ニュートリノには強い力も弱い力も働きません。

要点BOX

- 宇宙の4つの力
- クォーク同士の結合の強い力と、放射性崩壊の弱い力

宇宙の4つの力

(a)クォーク間に働く
「強い力」

(b)電子ー陽子間に働く
「電磁力」

(c)放射性崩壊を
引き起こす
「弱い力」

(d)天体系を支配する
「重力」

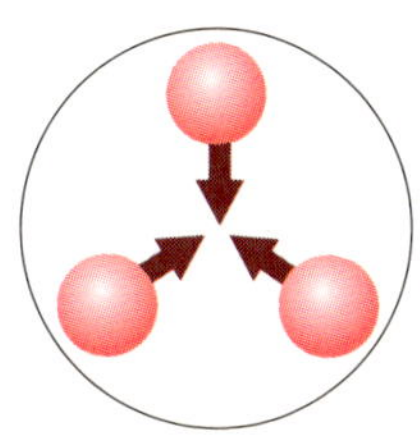
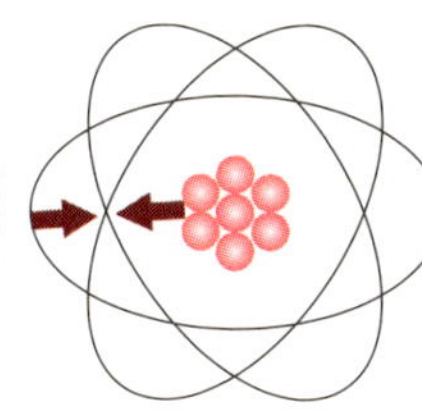
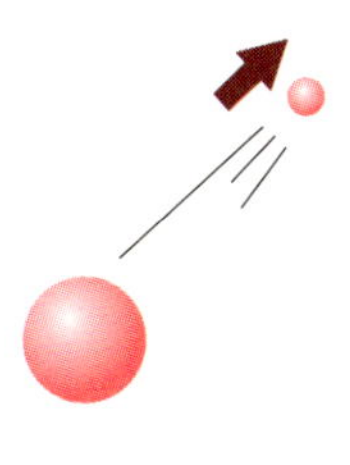
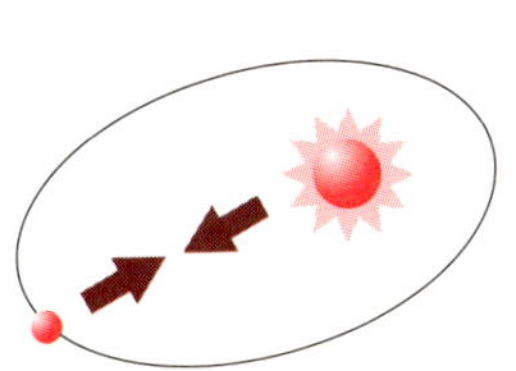

	(a)	(b)	(c)	(d)
強さの比	1	10^{-2}	10^{-5}	10^{-40}
作用する距離(m)	10^{-15}	無限大	10^{-18}	無限大
場所	原子核内	原子分子レベル	原子核内	宇宙空間
交換粒子	グルーオン	光子	弱ボソン	重力子

素粒子間の相互の力

	電荷	第一世代	第二世代	第三世代	相互作用			
					強い力	電磁力	弱い力	重力
レプトン	0	ν_e	ν_μ	ν_τ	×	×	○	○
	−1	e	μ	τ	×	○	○	○
クォーク	+2/3	u	c	t	○	○	○	○
	−1/3	d	s	b	○	○	○	○

14 反粒子とは？

電荷が逆の粒子

ミクロの世界を支配する理論は量子力学ですが、これに特殊相対性理論（加速度がゼロでの高速粒子の理論）を適用する試みがなされていました。1928年にイギリスのポール・ディラックは、正の電荷をもつ奇妙な電子（陽電子、ポジトロン）の存在を理論的に予測しました。その陽電子（e^+）は、アメリカのカール・デビッド・アンダーソンにより、5年後の1932年に宇宙線のγ線から電子とともに正電荷の粒子の生成が確認され（左頁上図）、その理論の正しさが明らかとなりました。この陽電子は、電子に対しての「反粒子」と呼ばれています。

従来は、真空は何もない空間であると考えられていましたが、ディラックは真空とは負のエネルギーを持つ電子で満たされていて、エネルギーの高い電磁波が消滅して電子と陽電子が生成されることを予言したのです。この真空の考え方は「ディラックの海」とも呼ばれました（左頁下図）。これは陽子にも適用できるので、負のエネルギーを持つ陽子（プロトン、p）で満たされている真空にエネルギーを注入すると正のエネルギーの陽子があらわれ、同時に、真空の穴としての反陽子（アンチプロトン、$\bar{p}$）ができることになります。

現代では、ディラックの海の考えは用いられず、量子論と特殊相対論を合わせた場の量子論により記述され、全ての素粒子には質量や大きさ、崩壊の寿命、回転の度合い（スピンと呼ばれる）などが同じですが、電荷の正負が逆の粒子（反粒子）が存在することが明らかとなっています。反粒子は、一般的に上にバーをつけて表されます。アップクォーク（u）には反アップクォーク（$\bar{u}$）があります。一方、複合粒子としての中性子（n）には電荷がありませんが、反アップクォークと2個の反ダウンクォーク（$\bar{d}$）で構成された反中性子（$\bar{n}$）があります。反粒子で構成されている物質を「反物質」と呼びます。

要点BOX

- ディラックの海による反粒子の予言
- 反粒子は上にバーをつけて記述
- 陽子（p）の反粒子は反陽子（$\bar{p}$）

ガンマ線による電子と陽電子の対生成

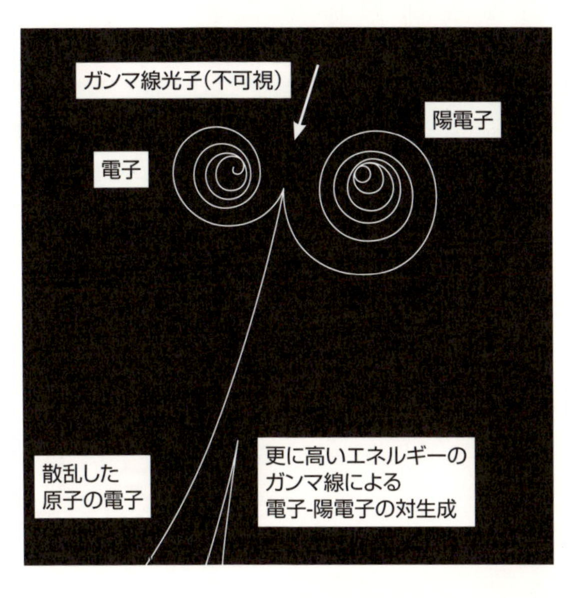

泡箱による写真

磁場による回転の軌跡が
逆となっていることから
電子と陽電子であることが
確認できます。

ディラックの海と反粒子

従来の真空

何もない空間

ディラックの海

エネルギーの
高い電磁波

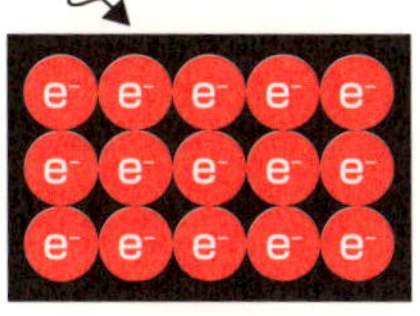

負のエネルギーの
電子で満たされています。

正のエネルギーの
陽電子

正のエネルギーの電子

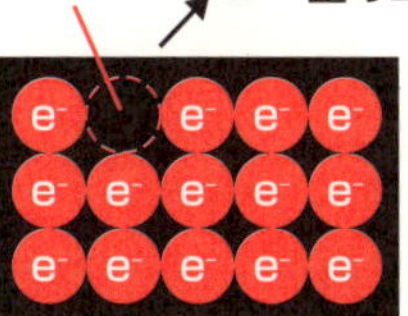

15 ニュートリノは幽霊粒子？

ベータ崩壊

不安定な原子がベータ線（電子線）と呼ばれる放射線を出して別の原子に変わる現象が「ベータ崩壊」です。原子核内の中性子が1個の電子を放出して陽子に変わる現象ですが、反応の前後でエネルギーの一部が消えたように見えるのが謎でした。オーストリアの物理学者パウリは1930年、「電気を帯びない中性の粒子が、電子と一緒に出て、エネルギーを持ち去った」（中性の幽霊粒子）と考え、理論的に予測しました。エンリコ・フェルミにより「ニュートリノ（中性微子）」と命名されました。

素粒子としてのレプトン（軽粒子）には、電子、ミュー粒子、タウ粒子の3種類に対して、対応するニュートリノとして、電子ニュートリノ、ミューニュートリノ、タウニュートリノの3種類があります。

ニュートリノは、太陽などの恒星の中心で起こる核融合反応でも生成されます。重い星の最期に起こる超新星爆発や、宇宙線が飛び込む地球の大気中、地球の内部、原子炉内部、そして、実は私たちの体の内部でも発生しています。

宇宙では光子についで個数の多い粒子線であり、太陽からだけでも、地球上の1平方センチメートルの面積に毎秒7百億個近くが飛来しています。

天体物理学、特に宇宙ニュートリノの検出に対するパイオニア的貢献として、2002年に小柴昌俊氏にノーベル賞が与えられました。また、「スーパーカミオカンデ」によりニュートリノが質量を持つことを示すニュートリノ振動の発見により、2015年に梶田隆章氏にノーベル賞が与えられました。ただしその質量は電子の100万分の1以下です。標準理論ではニュートリノの質量はゼロですが、ニュートリノは「ディラック粒子」ではなく粒子と反粒子とが同一である「マヨラナ粒子」であるとの仮定から、未知の重いニュートリノにより軽い方が浮き上がる「シーソー機構」が考えられています。

要点BOX

- ●ベータ崩壊での未知エネルギー:ニュートリノ
- ●宇宙ニュートリノのパイオニア:小柴昌俊博士
- ●ニュートリノ振動での質量証明:梶田隆章博士

中性子のベータ崩壊

$$n \longrightarrow p + e^- + \bar{\nu}_e$$

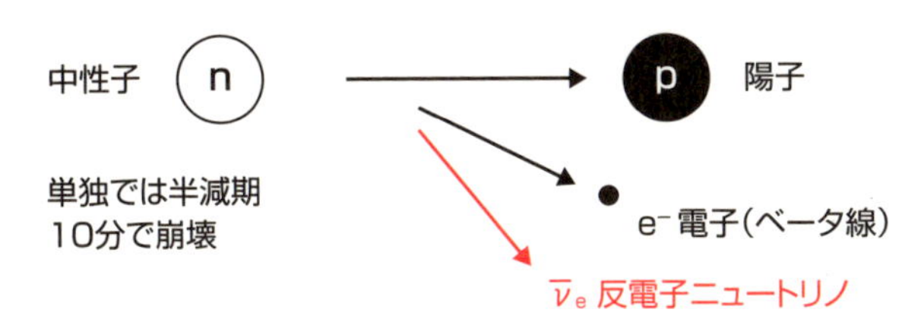

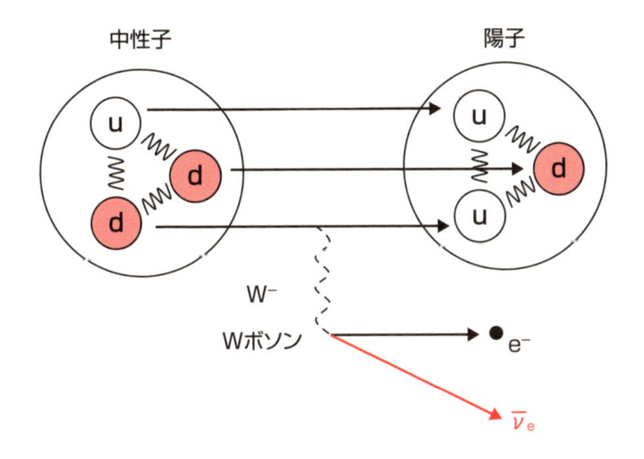

ニュートリノの質量は極端に小さい

シーソー機構

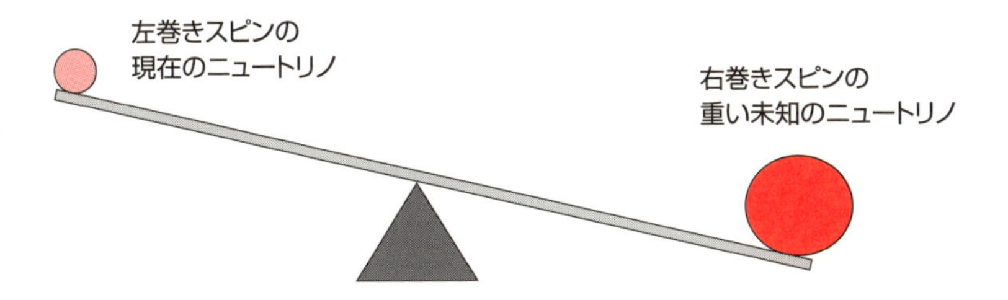

ニュートリノは粒子であり反粒子でもある(マヨラナ粒子)とすると、
観測されているニュートリノのほかに、未知の非常に重いニュートリノが
あることになり、現在のニュートリノの質量が極端に小さいことが説明できます。

16 CP対称性の破れとは？

粒子と反粒子との入れ替え

原始宇宙は電気を帯びていない超高エネルギーから始まったと考えられ、粒子と反粒子とが同数で構成されていたと予想されています。宇宙誕生から138億年後の現在の宇宙は粒子だけから構成されており、反物質は見つかりません。したがって、反粒子でできた「反宇宙」はありません。反粒子は、宇宙の進化の過程でどのように消滅したのでしょうか？

宇宙は、空間と時間から成り立っており、そこに物質が存在しています。粒子が他の物質との間で反応するとき、鏡に映したような対称的運動を起こすならば、その粒子は「空間反転（パリティ、P）対称性」を持つといいます。同様に、時間（T）に対して「時間反転対称性（T対称性）」も定義できます。また、粒子と電荷（C）の正負が反対の反粒子との入れ替えに対して物理法則が有効な場合（物理法則が形を変えない場合）には「荷電共役対称性（C対称性）」が成り立っているといいます（左頁上図）。

すべての物理法則が粒子と反粒子との入れ替え（CP変換）に関して不変であり完全に「CP対称性」があるならば、反粒子がほとんどない現在の宇宙の進化を説明できないことになります。CP対称性が破れていないとすると、ビッグバンで生まれた物質と反物質とが同数となり、すべて対消滅で消え、CP対称性が破れているとすると、物質だけが残って現在の宇宙があることになります。（左頁下図）。

強い相互作用と電磁相互作用はCP変換に対して不変であると考えられていますが、弱い相互作用ではCP対称性がわずかに破れていることが、クローニンとフィッチにより明らかにされました。さらに、その弱い力だけにCP対称性の破れがあるためには、2種類で3世代の合計6個のクォークが存在する筈であるとの理論を、1973年に小林誠博士と益川敏英博士が提案し、2008年の両氏のノーベル物理学賞受賞につながりました。

要点BOX
- ●CP変換は粒子と反粒子との入れ替え
- ●弱い相互作用におけるわずかなCP対称性の破れにより、現在の物質世界が説明できる

電荷、パリティとCP対称性

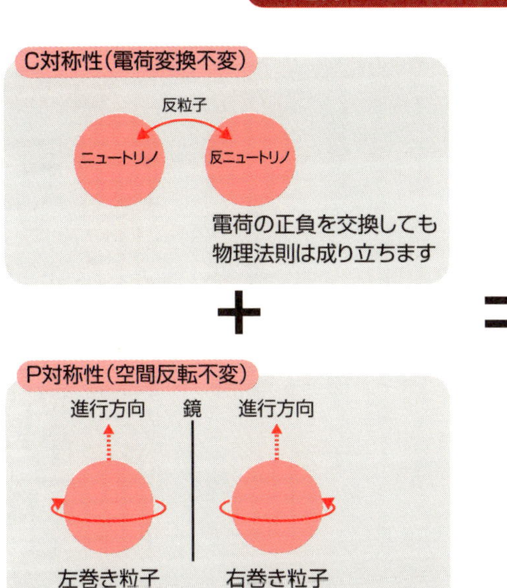

左巻き粒子
（ヘリシティ：＋）

右巻き粒子
（ヘリシティ：−）

反応の前後でスピンの
方向は変わりません

＝

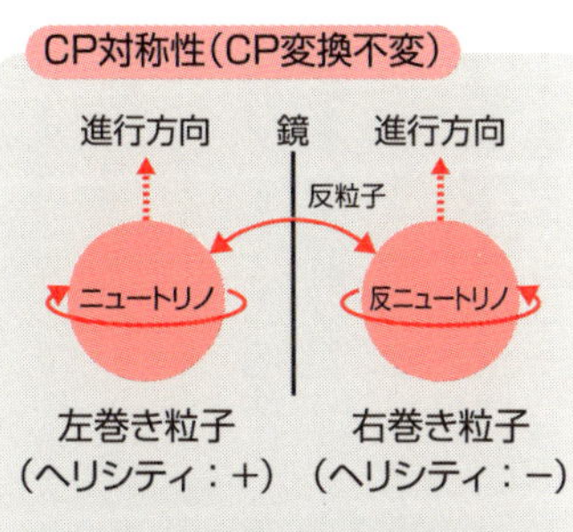

CP対称性が保存されると
粒子と反粒子とでは
スピンが逆になります

CP対称性の破れ

弱い相互作用での反応

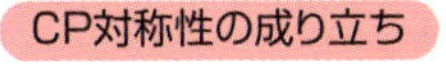

ビッグバン

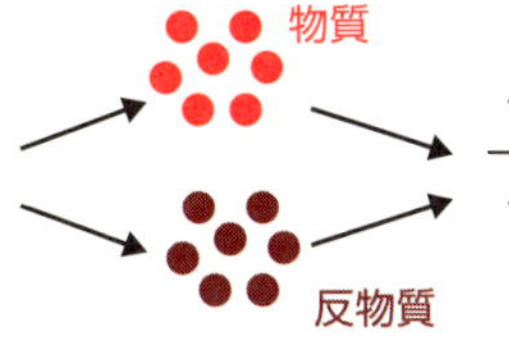

CP対称性の破れ

ビッグバン

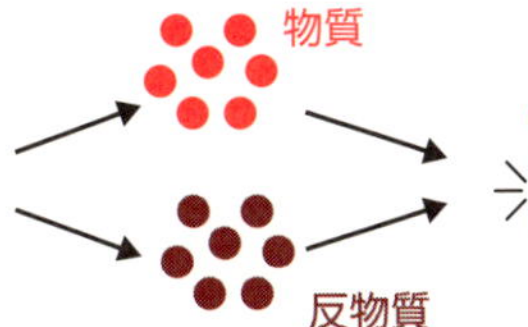

物質だけが残った
（現在の宇宙）

17 ミュー粒子は地上に降り注ぐ？

透過力大

宇宙からの放射線（1次宇宙線）の大半が陽子ですが、地上に到達する2次宇宙線の荷電粒子の7割はミュー粒子（ミュオン）であり、中性子を除けば、残りの宇宙線荷電粒子のほとんどは電子です。

ミュー粒子は陽子が大気中の原子と衝突して生成されます。その平均寿命は百万分の2秒で電子とニュートリノに崩壊します。ミュー粒子が光の速度ほどで運動するとして単純計算すると、寿命内におよそ600m近くしか進むことができません。しかし、特殊相対性理論により地上に立っている人から見ると、ミュー粒子の時間は遅く進み、およそ10倍の6kmほど進んで、地上に達することができます。地表では、1秒間に1平方メートルの場所に、およそ170個程度のミュー粒子が通過しています。

ミュー粒子は非常に透過力の大きい粒子であり、原子核との衝突をほとんど起こさないので、人体にもそのまま貫通し、その多くは地下の数十から数百mまで到達します。ただし、宇宙線の人体への影響は大地や食物からの放射線を含めた自然放射線全体の7分の1であり、危険なわけではありません（43）。

ミュー粒子（μ）の質量は電子のおよそ200倍であり、ミュー中間子と呼ばれたこともありました。中間子はクォーク2個で構成されている複合粒子ですが、ミュー粒子は電子（第1世代）と同じくレプトンに分類される第2世代の素粒子の1つです。アンダーソンとネッダーマイヤーにより1937年に発見され、湯川理論のパイ中間子と混同されましたが、1947年に強い相互作用をするパイ中間子が発見され、両者が区別されるようになりました。同年の1937年に理化学研究所の仁科芳雄グループも独立にミュー粒子を発見しています。ミュー粒子よりさらに重いレプトンとして、第3世代のタウ粒子（タウオン）があり、その質量は電子の3500倍で、陽子の1・9倍です（左頁下図）。

要点BOX
- ●ミュー粒子はレプトンに分類される素粒子で、質量は電子のおよそ200倍
- ●仁科芳雄グループがミュー粒子を独立に発見

陽子の飛来とミュー粒子の生成

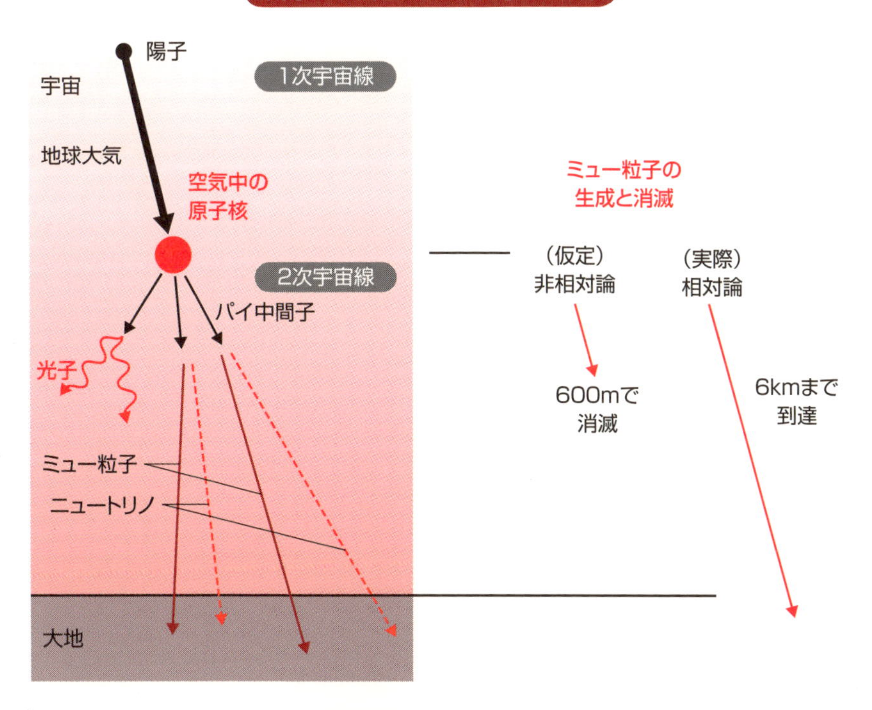

レプトンの質量比較

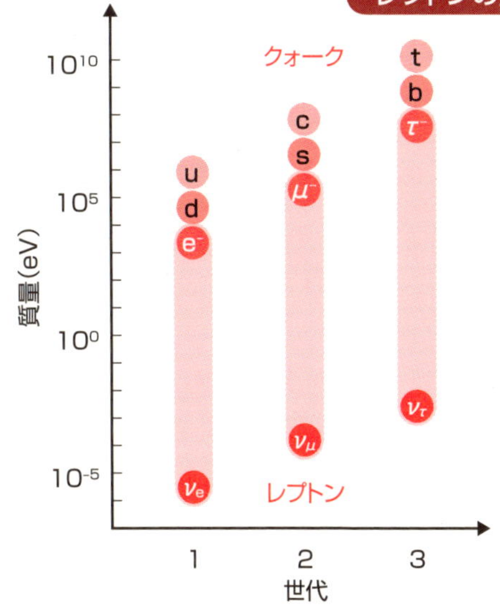

質量mとエネルギーEは等価($E=mc^2$、cは光速)なので、質量をエネルギー単位eV、MeVで表記しています。正確にはeV/c^2、MeV/c^2 です。

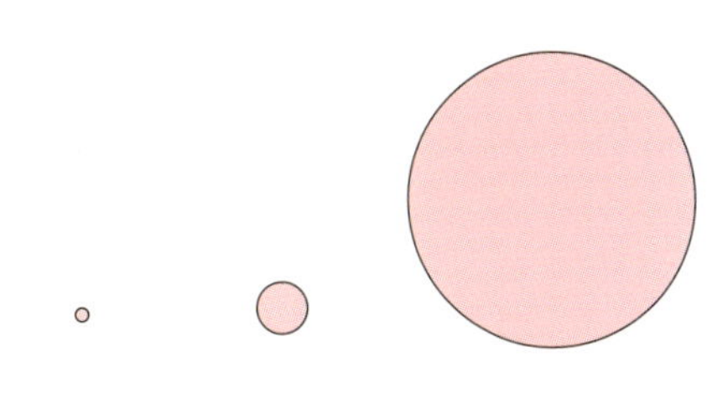

18 ヒッグス粒子は発見された！

素粒子の中で、質量の起源を説明する粒子として「ヒッグス粒子（ヒッグスボソン）」があります。1964年にイギリスのエディンバラ大学のピーター・ヒッグス博士により提唱された素粒子です。

宇宙誕生時にはビッグバンが起こりました（左頁上図a）。この初期の状態では、すべての素粒子が真空中を光の速度で自由に動き回れていたと考えられています（図b）。これは、すべての素粒子には質量がなかったことに相当します。ところが、ビッグバンから、10^{-13}秒過ぎたころに、真空の相転移が起こり、真空がヒッグス粒子の場で満たされてしまったと考えられます。この相転移とは、例えば、高温での水蒸気が冷えて液化して水になる状態に対応しています。宇宙が冷却していくと真空はヒッグス粒子に満たされた海になってしまいます。これを「ヒッグス場」と呼びます。また、ヒッグス場によって質量を持つ機構を「ヒッグス機構」と呼びます。

物質を構成する粒子としてのクォークやレプトンはヒッグス場と反応し、あたかも水の中を泳ぐ魚のように、ヒッグス場による抵抗力を受けて、動きづらくなり、質量が生まれたと考えられています（図c）。一方、光はヒッグス場とは反応しないので光速で飛ぶことができ、質量はゼロのままです。

2011年12月にスイスのジュネーブでの欧州原子核研究機構（CERN）のLHC実験でヒッグス粒子の存在を示唆するデータが確認され、およそ125GeV（1250億電子ボルト、GeV＝ギガ電子ボルト）の質量と判明しました。これは暫定的でしたが、2013年3月には更なるデータが得られ、確実性が高まりました。ヒッグス機構は南部陽一郎博士（2008年ノーベル賞受賞）の自発的対称性の破れ（左頁下図）が原型となっており、ヒッグス氏はベルギーのフランソワ・アングレール氏とともに2013年にノーベル賞を受賞しています。

質量を与える粒子

要点BOX
- ●真空中に満たされたヒッグス粒子との衝突で、質量が生まれる
- ●CERNのLHD実験でヒッグス粒子存在の検証

質量生成のしくみ

(a)宇宙誕生

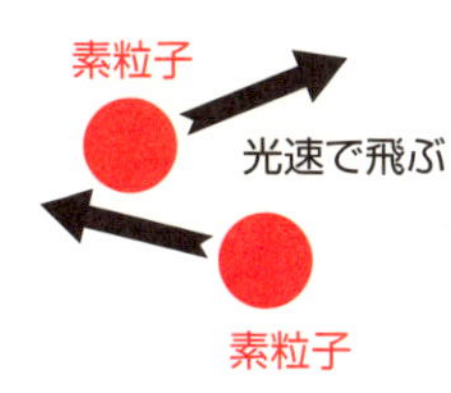

(b)誕生直後の宇宙
物質粒子(クォーク、レプトン)も
光速で飛ぶことができ、
質量はゼロでした。

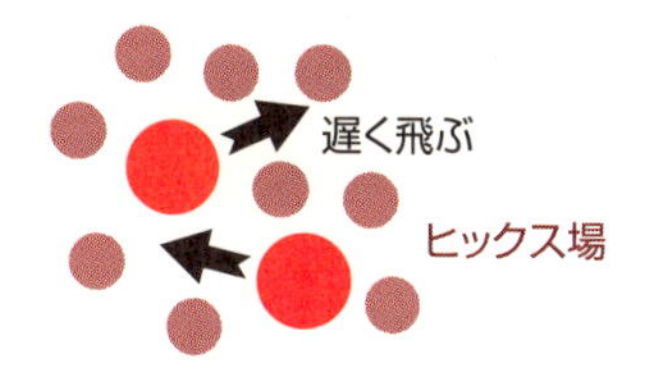

(c)現在の宇宙
物質粒子はヒッグス粒子との
相互作用により光速よりも遅くなり、
質量が生まれます。
光子などのゲージ粒子はヒッグス場に
影響されずに高速で飛びます。

自発的対称性の破れ

ヒックス場のポテンシャル

この点のまわりに
対称

ビッグバン直後の真空

真空の
相転移

エネルギー的に安定な真空に変化し
対称性の低い系に移行する現象

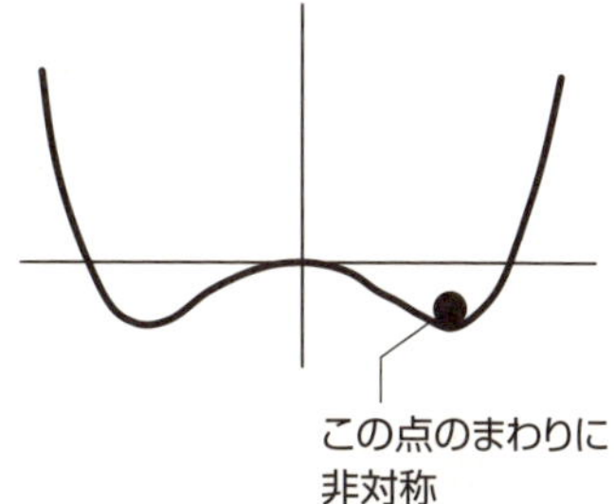

ビッグバン10^{-10}秒後の真空

Column

物質の起源と生命の起源は？
SF映画「プロメテウス」

物質、そして、生命の起源は？これらは現代科学の謎です。

宇宙の元素合成は4つの反応（9節参照）で行われてきました。特に、超新星爆発による星屑から人間が形作られてきています。

生命の起源は原始ガスの中の無機元素と原始環境としての宇宙線・雷エネルギーにより有機物が形成され、化学進化から生物進化、そして生命へと進化したと考えられます。しかし、設計図としてのDNAは宇宙から飛来したのではないか（パンスペルミア仮説）とも考えられています。

SF映画「プロメテウス」は、「人類はどこから来たのか」のキャッチフレーズのもとで、「エイリアン」の英国リドリー・スコット監督により作られた映画です。映画の冒頭で人類の起源は、異星人のDNAに関連しているかのような映像が流れます。

2089年、2人の考古学者が3万5千年前の古代遺跡を見つけ、人類の種の起源となる惑星を見つけ、2093年、宇宙探査船プロメテウス号で旅立ちます。

プロメテウスは、神ゼウスの命令に背いて人間に火を与え、この罪でコーカサスの山に鎖でつながれたギリシャ神話の神です。人類は火を用いて文明を発展させてきましたが、同時に原子の火（プロメテウスの火）の核兵器により、悩まされることになります。

映画ではプロメテウス号の社長が創造主たる異星人に自分の不死を懇願するシーンが出てきます。不老長寿の願望は古代からあり、クレオパトラや秦の始皇帝も不死の薬を求めたことは有名です。

20世紀初頭、血管吻合と臓器移植の研究でノーベル生理学・医学賞を受賞したアレクシス・カレル（フランス）は「不死の細胞」仮説を発表します。その後、ヒトの体細胞の中の染色体の端にあるテロメアDNAの長さが年と共に短くなり、細胞の限界がおとずれるとの「ヘイフリック限界（1961年発見）」が明らかとなります。我々は永遠には生きられないのです。

「プロメテウス」
原題:Prometheus
製作:2012年　米・英
監督:リドリー・スコット
主演:ノオミ・ラパス
配給:20世紀フォックス

どうして起こる銀河宇宙線

19 銀河宇宙線はどこから？

宇宙線の一部は太陽活動に伴う高エネルギー粒子で「太陽宇宙線」と呼ばれています。一方、私たちの銀河は「天の川銀河」あるいは「銀河系」と呼ばれ、銀河系の中では太陽圏以外の内部で発生する宇宙線を「銀河宇宙線」といい、「太陽宇宙線」と区別しています。エネルギーの非常に高い宇宙線は、銀河系外からも飛来するので、「銀河系内宇宙線」と「銀河系外宇宙線」とに分けることができます。

銀河系内の宇宙線の多くは、超新星の残骸で生成・加速された宇宙線粒子であると考えられています。大きな星は最終的な段階として重力崩壊し大爆発を起こします。爆発のときにあたかも新しい星ができたかのように光り輝くので「超新星」と呼ばれました。この超新星爆発によって吹き飛んだ星の物質が、高速で膨張し星間物質と衝突してつくる殻状の星雲をつくります。これは「超新星残骸（ＳＮＲ）」と呼ばれており、爆発による衝撃波によって区切られ、恒星からの噴出物と星間物質で構成されています。この超新星残骸こそ銀河系内宇宙線のふるさとです。

一方、銀河系外宇宙線は活動銀河核などが起源であると考えられています。活動が非常に激しい銀河の中心核（中心部）が極めて明るく輝いたり、光速に近いジェットを噴出したりする銀河があります。太陽の１００万から10億倍程度という超大質量ブラックホールが中心部に存在し、そこに物質が落ち込むことで大量のエネルギーを放出していると考えられています。これが活動銀河核（ＡＧＮ）です。

宇宙線の成分は、生成場所と生成プロセスで異なってきます。銀河宇宙線と太陽宇宙線とを比較すると、一部の例外を除いて元素組成はほぼ一致します（9）。銀河宇宙線の粒子の成分は、主に陽子であり、陽子と電子で90％ほどです。ヘリウム原子核が12％です。その他、酸素原子核や炭素原子核などが少量あり、すべて完全電離しています。

超新星残骸（ＳＮＲ）

要点BOX

- 銀河宇宙線（銀河系内）の源は超新星残骸
- 超新星残骸は、爆発による噴出物と星間物質とで衝撃波で構造が維持されています

銀河宇宙線と他の宇宙線

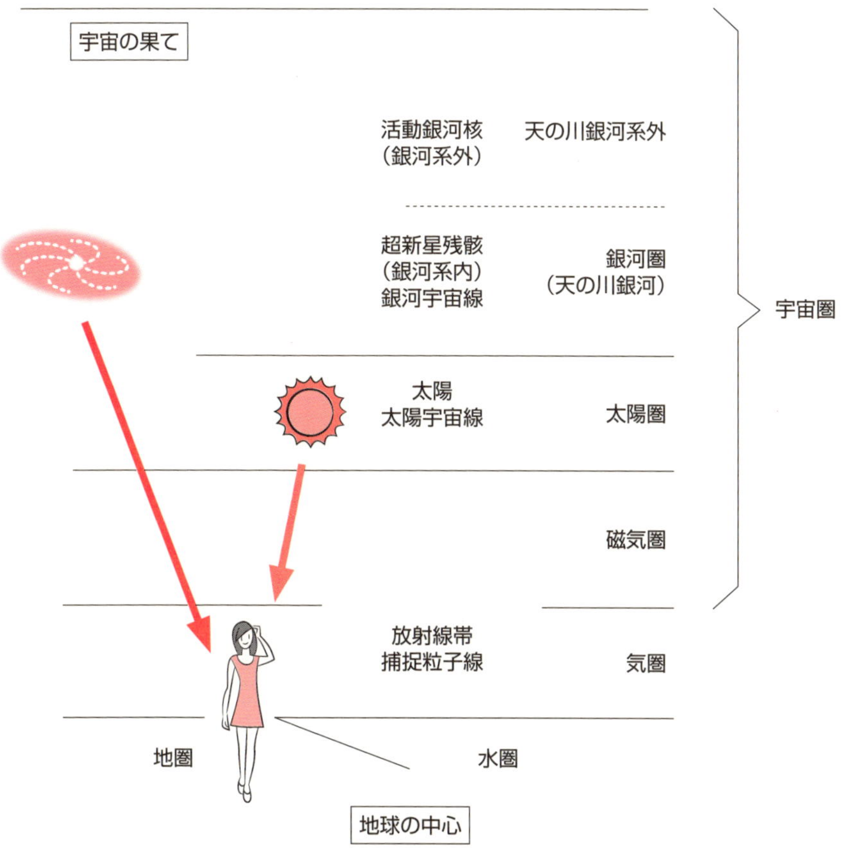

宇宙の果て

活動銀河核
（銀河系外）

天の川銀河系外

超新星残骸
（銀河系内）
銀河宇宙線

銀河圏
（天の川銀河）

宇宙圏

太陽
太陽宇宙線

太陽圏

磁気圏

放射線帯
捕捉粒子線

気圏

地圏

水圏

地球の中心

宇宙線の成分の違い

銀河宇宙線	太陽宇宙線	捕捉粒子線
陽子·電子　90% ヘリウム原子核　10%弱 リチウム～鉄 ガンマ線、エックス線	陽子·電子　90% ヘリウム原子核　数% 重荷電原子核　数%以上	外帯　主に電子 内帯　主に陽子

20 どうして超新星は爆発する？

重力崩壊

超新星爆発は宇宙での恒星の壮絶な死であると同時に、新しい元素の誕生でもあります。

超新星爆発は古くから確認されています。鎌倉時代の藤原定家により書かれた「明月記」には1054年に客星（超新星）が現れたと記されています。この爆発の残骸は、牡牛座にあるカニ星雲に相当しており、中心には強い磁場を持った中性子星・パルサーが存在します。これは、可視光では観測できませんが、X線観測衛星で確認されています（左頁上図）。私たちの銀河系（天の川銀河系）の直径はおよそ10万光年ですが、カニ星雲は地球からおよそ7千光年の距離にあります。このような超新星爆発の墓場が銀河系内の銀河宇宙線のふるさとなのです。

超新星爆発はどのようにして起こるのでしょうか？恒星の内部では水素の核融合反応が起こっています。太陽の場合には、水素同士の反応でヘリウムが生成され、炭素まで核融合反応が起こります。さらに重い恒星では、中心部分で鉄までの軽い元素が核融合反応で生成されます。核融合反応による内部圧力と恒星自身の重力とが釣り合って、非常に長い間、安定に輝いています。恒星の末期には、核融合の出力が減り収縮する重力が勝って、重力崩壊し、太陽の質量の8倍の巨星では大爆発が起こります。これがⅡ型の「超新星爆発」です。

他のⅠ型の超新星爆発もあります。白色矮星が近くに赤色巨星などがある場合に物質をまきこみながら太陽の1・4倍以上になり超新星爆発が起こります。恒星の中では核融合反応により炭素や鉄までの元素が生成されますが、超新星爆発のエネルギーにより鉄よりも重い元素が生成されます。

星の一生の最期であるこの超新星爆発の後の中心部分にできる中性子星・パルサーや、爆発の残骸として周囲にできる超新星残骸（SNR）において、銀河宇宙線が生成・加速されて生成されます。

要点BOX

- ●鉄までの軽い元素は星内部の核融合反応で生成
- ●鉄より重い元素は超新星爆発で生成
- ●星は死して、中性子星やブラックホールを残す

カニ星雲と宇宙線源

可視光(パロマ天文台)

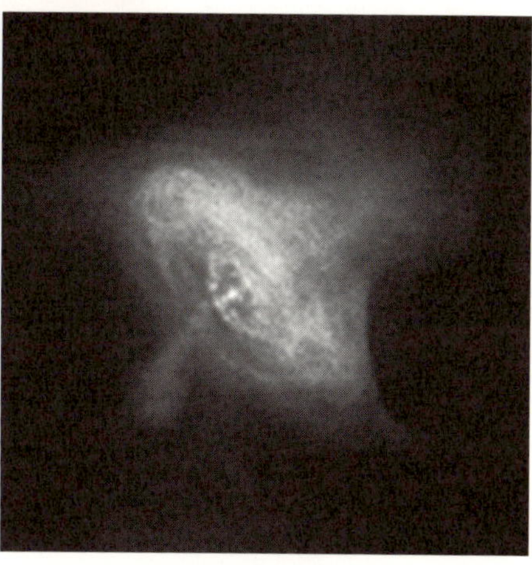
X線(衛星チャンドラ)

提供:NASA

カニ星雲は、1054年に藤原定家も観測したとされる超新星爆発の残骸であり、地球から6千5百光年の場所にあります。

超新星爆発の残骸の中心には高速で回転する中性子星(パルサー)があることが、可視光では見えませんがX線画像で確認できます。このようなパルサーが宇宙からの宇宙線の源となっています。

超新星爆発と元素循環

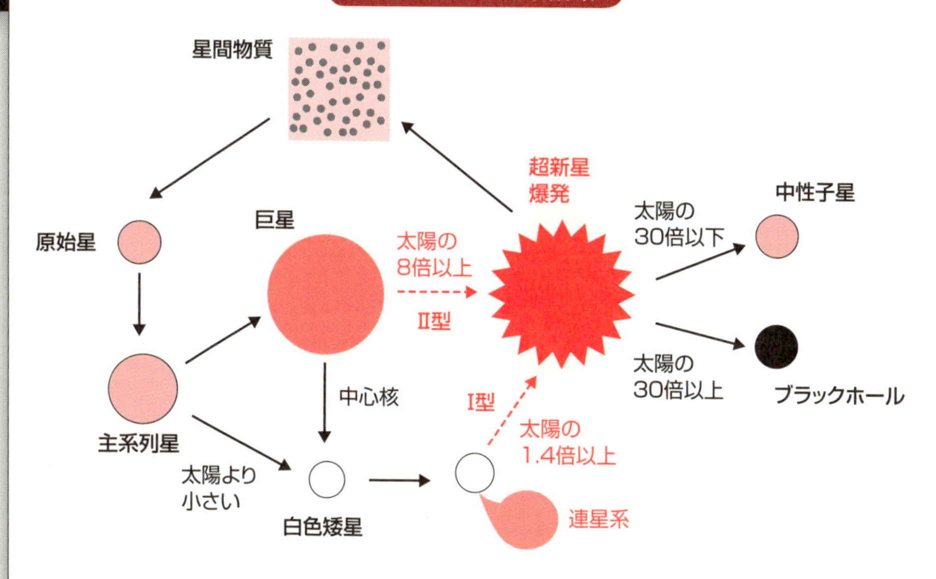

21 中性子星・パルサーと宇宙線の関係は？

太陽風、恒星風、パルサー風

地球には大気がありますが、宇宙は薄いプラズマ（電離した気体）で満ちています。宇宙には地上と違った「風」があります。太陽風、恒星風、パルサー風などです。恒星から放射されるプラズマの粒子の流れが「恒星風」であり、特に、太陽からの磁場を伴ったプラズマの流れを「太陽風」と呼んでいます。また、中性子星からの超高エネルギーガンマ線の宇宙線放射が「パルサー風」です。

宇宙線の生成・加速は、銀河系内では超新星残骸の中心にある中性子星・パルサーで起こっており、一方、銀河系外ではブラックホールでできている活動銀河核で起こっていると考えられています。

「中性子星」は強い磁場を持っています。磁気軸の上下方向からは強いガンマ線が放出されていますが、磁気軸と回転軸が傾いているので、地球から見ると、パルス的なガンマ線が観測されることになります（左頁上図）。この中性子星を「パルサー」と呼びます。この超高エネルギーのガンマ線放射は、ほぼ光速の電子・陽電子の流れに由来するものです。

「ブラックホール」は非常に密度の高い星であり、非常に強い重力があり、光（光子）をも引き付けて閉じ込めてしまいます。ブラックホールとなる星の大きさは、星の重力が光の飛び出す力を上回る条件から定まります。地球の場合は理論的に半径1センチメートルまでに圧縮した場合に相当します。実際には星の核融反応加熱と重力収縮との進展は、太陽のおよそ10倍以上の質量がなければ起こりません。

ブラックホールの近くに恒星がある場合には、その物質を吸い込み、周りに円盤（降着円盤）を形成します。円盤の軸方向には、プラズマのジェットも観測されます（左頁下図）。

銀河系外の活動銀河核には大質量ブラックホールがあり、そこからの高エネルギーのガンマ線バーストが観測されています。

要点BOX

- ●中性子星から超高エネルギーのガンマ線放射
- ●ブラックホールの降着円盤からは、磁場を伴ったプラズマジェットが放出

中性子星からの宇宙線

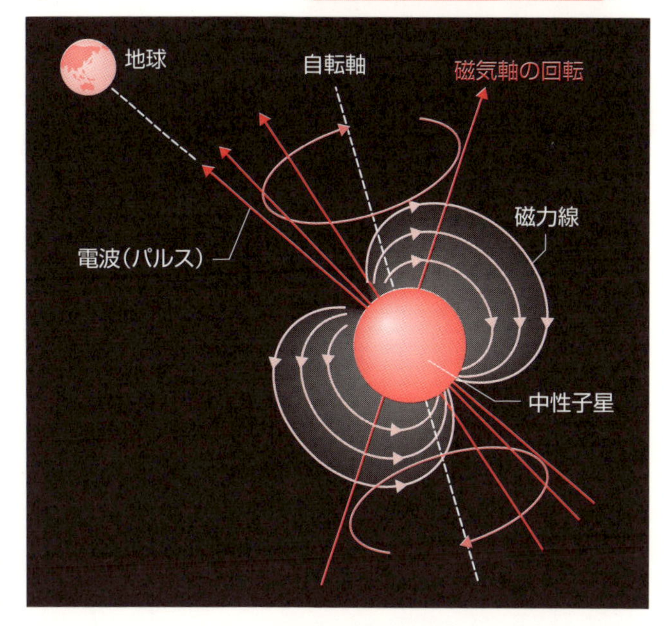

中性子星の存在は、パルス的な電波の観測により明らかとなりました。

中性子星は強い磁場を有し、磁極付近から強い電磁波（電波、光、X線、ガンマ線、など）が放出されています。

自転軸と磁気軸がずれているので地球にはパルス状の電磁波ビームが届き、パルサーとして観測されます。

ブラックホールからの宇宙線

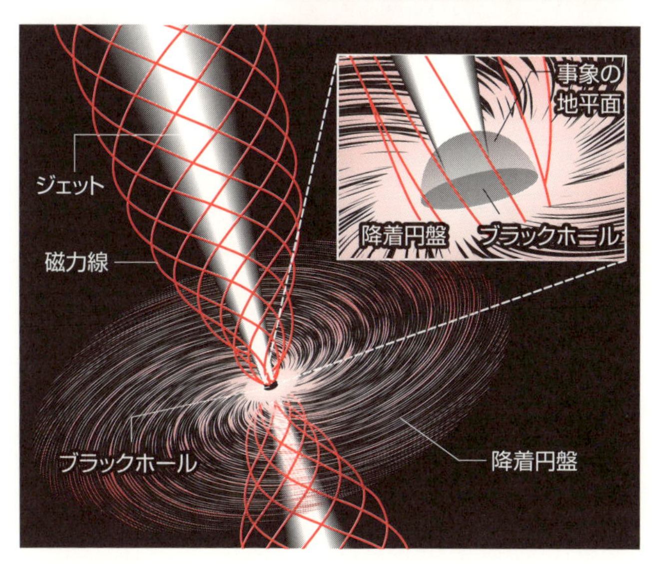

ブラックホールからは、光も粒子も放出されません。

近くの星の物質を吸い込む際には、ブラックホールの周りに降着円盤を作ります。

降着円盤が高温となり、そこからのX線から、ブラックホールの存在を確認できます。

降着円盤の軸からは、強い磁場を伴ったプラズマのジェットが放出されています。

22 宇宙線粒子は加速される？

フェルミ加速

摂氏25度の部屋の空気中の気体分子のエネルギーは、平均して0・03電子ボルトですが、分子同士が衝突しあって少量ですが高いエネルギーの分子も生成されるので、エネルギー分布（エネルギースペクトル）は、最終的に熱的な平衡状態の「指数関数」的な分布（ボルツマン分布）となります。

宇宙線の場合にも、エネルギーが高くなるほど宇宙線量が少なくなりますが、指数関数型ではなくて「べき乗関数」的となります。このようなエネルギー分布は、熱的衝突と異なる加速プロセスによるものです。

磁場を伴った星雲が互いに近づくときに、反射・加速されて高エネルギーの荷電粒子としての宇宙線が生まれます。これはイタリアの物理学者エンリコ・フェルミが提唱した「フェルミ加速」です。

宇宙線と星雲とが正面衝突するときはエネルギーを得ますが、追突（後面からの衝突）のときはエネルギーを失います。正面衝突と追突とが混在しているときには、正面衝突の方が追突よりも衝突確率が高いので、全体としエネルギーを得ることになります。この加速の効率は、星雲速度Vと光速cの比V／cの2乗程度の小さな量となり、加速効率が悪い「遅いフェルミ加速」とされてきました（左頁上図）。

一方、衝撃波や磁気再結合（磁気リコネクション）による加速はV／cに比例する「速いフェルミ加速」と呼ばれています。

超新星爆発によって星の外側の層は超音速で星間空間を膨張し、超新星残骸（SNR）を形成します。膨張する爆発放出物によって作られた衝撃波が、高エネルギー粒子を加速します。

また、磁場極性が異なる領域での磁力線の繋ぎ替え（磁気再結合）に伴い、磁場のエネルギーがガスの運動エネルギーに変換され、高エネルギー宇宙線粒子が作られています。

要点BOX

- ●磁気プラズマ雲による「遅いフェルミ加速」
- ●衝撃波や磁気リコネクションによる「速いフェルミ加速」

宇宙線のフェルミ加速

（1）プラズマ雲による「遅い」加速　（ V/c の2次の加速）

エネルギーの変化は$(V/c)^2$に比例
（Vは星雲の速度、cは光の速度）

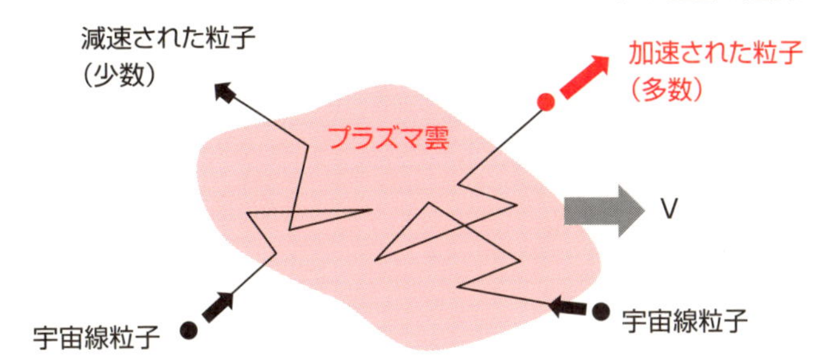

（2）衝撃波や磁気リコネクションによる「速い」加速　（ V/c の1次の加速）

エネルギーの変化はV/cに比例

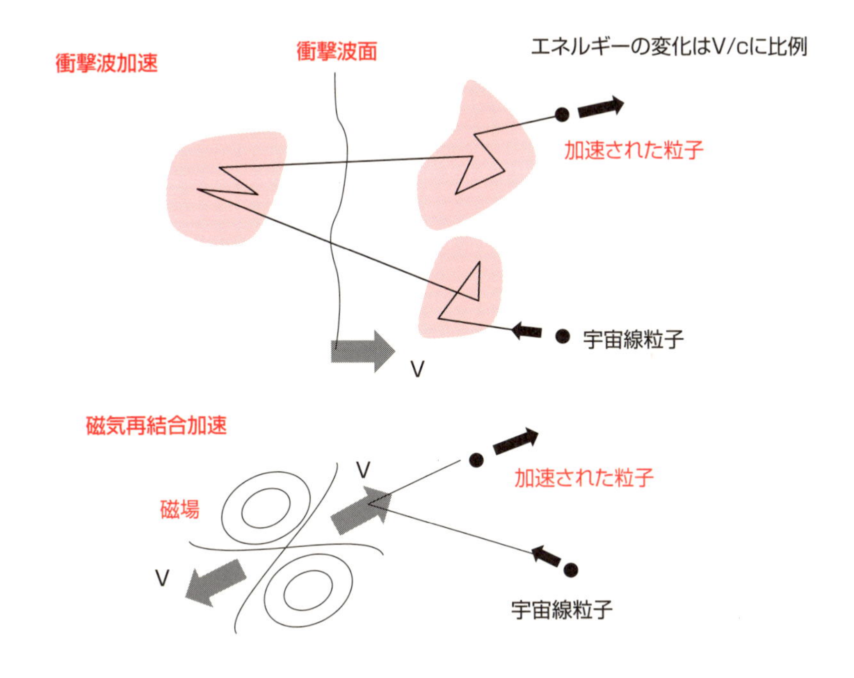

23 GZK限界とは何か？

宇宙マイクロ波背景放射の作用

体温37℃の私たちの身体からは、熱放射による電磁波がいつも放出されています。暗闇でも赤外線カメラで人影が写るのはこの熱放射によるものです。宇宙は非常に冷たく、セ氏温度は−270度（−270℃）であり、絶対温度では3度（3K）で1ミリ電子ボルト程度です。体温による熱放射の場合と同様に、宇宙ではこの温度での3K宇宙マイクロ波背景放射（CMB）といわれる電磁波で満たされています。

このCMBは宇宙の初期のビッグバンのなごりと考えられていて、1965年にアメリカのベル電話研究所のアーノ・ペンジアスとロバート・ウィルソンによって、偶然その存在が確認されました。

荷電粒子は電磁波（光子）との相互作用でエネルギーの交換が起こります（左頁上図）。宇宙線の陽子（p）はCMBの光子（γ_{3K}）との衝突によりエネルギーが減らされ、1億5千万光年（150メガ光年）程度の間に4×10^{19}eV（6・4ジュール）以下になると考えられています。おとめ座の銀河団は150メガ光年ですが、150メガ光年から300メガ光年の位置は、宇宙の万里の長城（グレートウォール）と呼ばれる超銀河団どうしがフィラメント状につながった蜂の巣の壁構造の場所です。理論上は、宇宙線のエネルギーが高いほど、宇宙背景放射と反応を起こす確率が高くなり、超高エネルギーのまま飛来する頻度は、激減すると考えられています（左頁下図）。

$\gamma_{3K}+p\rightarrow$共鳴$\rightarrow p+\pi^0$（または$n+\pi^+$）

これは、4×10^{19}eV以上の高エネルギー宇宙線はグレートウォールからは地球には届かないという予測に相当し、アメリカのグライセン(Greisen)とロシアのザツェピン(Zatsepin)、クズミン(Kuzmin)の2つのグループが1966年に独立に導きだしたので、「GZK限界」と呼ばれています。

要点BOX

- 高速の陽子ほど宇宙マイクロ波背景放射との相互作用が強く、陽子は地球に飛来できない
- GZK限界は4×10^{19}eV

宇宙線と宇宙背景放射との反応

実験室での模擬実験(標的は固定)

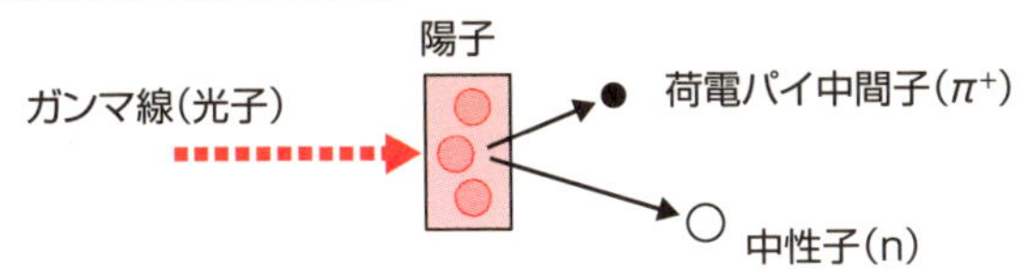

宇宙での陽子と光子との反応

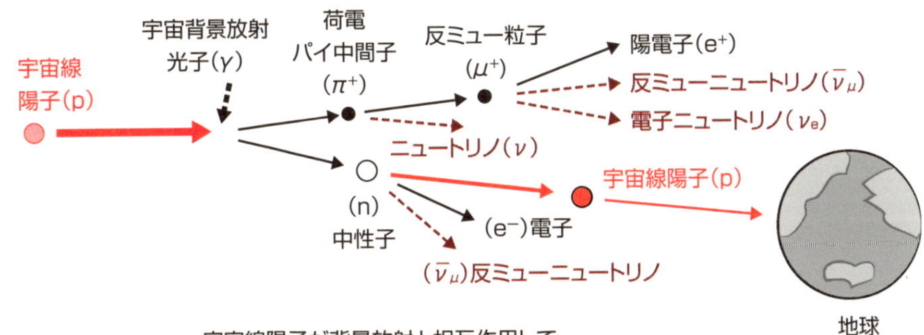

宇宙線陽子が背景放射と相互作用して
中性子が生成され、そのベータ崩壊で陽子が発生します。

GZK限界エネルギー

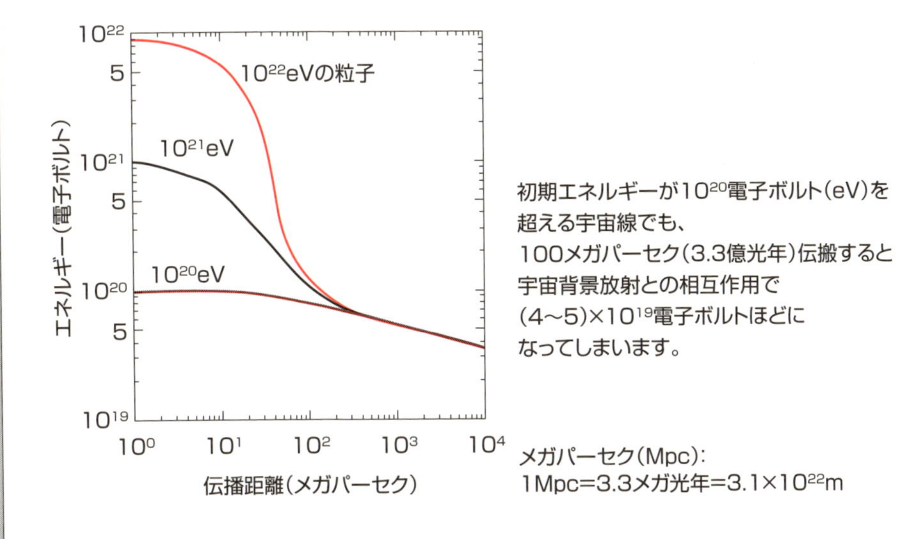

初期エネルギーが10^{20}電子ボルト(eV)を
超える宇宙線でも、
100メガパーセク(3.3億光年)伝搬すると
宇宙背景放射との相互作用で
$(4\sim5)\times10^{19}$電子ボルトほどに
なってしまいます。

メガパーセク(Mpc):
1Mpc=3.3メガ光年=3.1×10^{22}m

24 宇宙線の最高エネルギーは？

最高エネルギー宇宙線（ＥＥＣＲ）

　１９９１年にアメリカで３００エクサ（３×10^{20}）電子ボルトの「オーマイゴッド粒子（驚くべき粒子）」と呼ばれる超高エネルギーの宇宙線が観測されました。10^{18}eVよりも大きな運動エネルギーを持つ宇宙線を超高エネルギー宇宙線（UHECR,ultra-high-energy cosmic ray）と呼ばれており、特に、ＧＺＫ限界（前節）の４×10^{19}eV（６・４Ｊ）よりも大きなエネルギーを持つＵＨＥＣＲは最高エネルギー宇宙線（ＥＥＣＲ、extrem-energy cosmic ray）と呼ばれています。東京大学宇宙線研究所の広域空気シャワー観測装置「ＡＧＡＳＡ」でもＧＺＫ限界を超える粒子が観測されていますが、一方、米国「HiRes」ではＧＺＫ理論の枠内であり、現在ではテレスコープアレイ（ＴＡ）国際共同実験により、それらの検証がなされてきています（左頁上図）。

　ＥＥＣＲは宇宙の初期から生き残っている宇宙線ではなく、比較的若くて、どこかの超銀河団からなんらかの生成・加速メカニズムを経て観測されたものとされています。想定される（仮説上の）ＥＥＣＲの発生源では、粒子を１ゼタ電子ボルト（10^{21}eV）まで加速していることになります。陽子と反陽子を衝突させる米国フェルミ国立加速器研究所の加速器は10の12乗電子ボルト（１テラ電子ボルト）で衝突させるので「テバトロン」と呼ばれていますが、エネルギーはその10億倍であり地上では達成不可能な値です。それらの名前にならってＥＥＣＲの発生源は「ゼバトロン（ZeV of Synchrotron、ゼタ電子ボルトの加速器）」と呼ばれています。発生源を特定するには磁場などによる宇宙線の飛跡の変化を考える必要があります。０・1ZeVの宇宙線ではほぼ直線的飛来すると考えられます（左頁下図）。ゼバトロンと活動銀河核（ＡＧＮ）や宇宙の大規模構造（ＬＳＳ）との関連も議論されてきています。

要点BOX
- ●ＧＺＫ限界を超えるエネルギーの宇宙線を最高エネルギー宇宙線と呼ぶ
- ●発生源の候補は活動銀河核など

超高エネルギー宇宙線のエネルギー分布

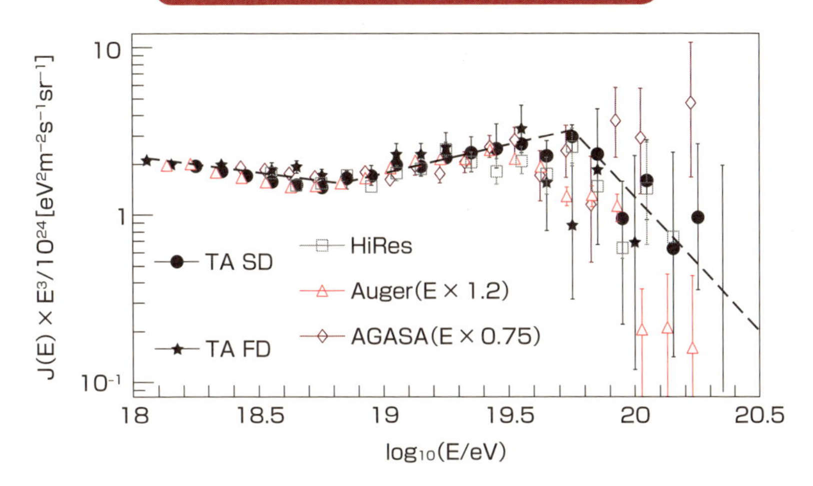

エネルギー分布J(E)はE^{-3}で減少するので
E^3をかけてJ(E)E^3で描かれています。
実験ごとに横軸の修正がなされています。

装置略記号
TA SD(Telescope Array, Surface Detector)
TA FD(Telescope Array, Fluorescence Detector)
HiRes(High Resolution Fly's Eye)
Auger(Pierre Auger)
AGASA(Akeno Giant Air Shower Array)

宇宙線の地球への飛来

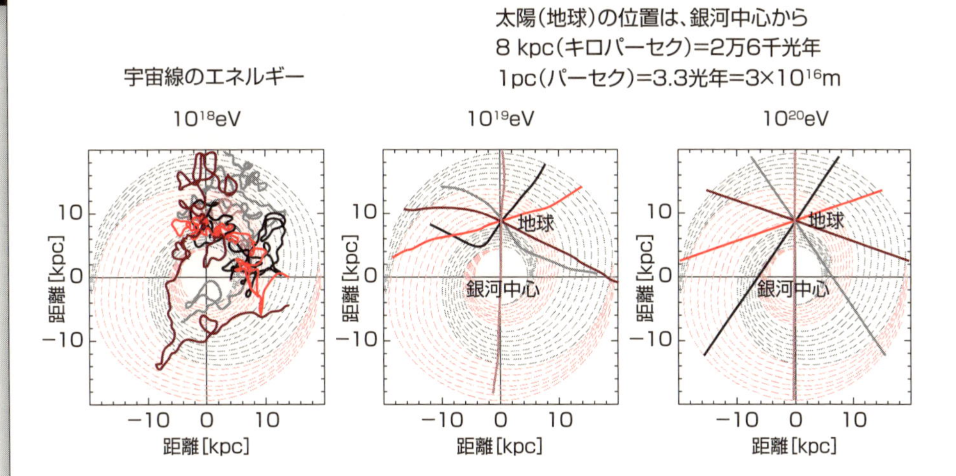

宇宙線はエネルギーが高くなるほど、磁場に影響されずに直進します。

Column

スーパーフレアで人類は死滅する?
SF映画「ノウイング」

地球にとっての脅威として、小惑星の地球衝突やガンマ線バーストの飛来があり、生物種の大量絶滅の原因になりました(50節)。それに匹敵する脅威が、太陽のスーパーフレア(巨大表面爆発)の恐れです。

SFサスペンス映画「ノウイング」では、スーパーフレアによる人類絶滅の危機が迫ります。マサチューセッツ工科大学(MIT)の天体物理学者である主人公(ニコラスケイジ主演)が息子の受け取った50年前のタイムカプセルの手紙に書かれてあった全ての数字が多くの災害の日時、場所、死者数の未来予測であった事に気づき、残された最後の1つが人類にとっての最大の惨事「スーパーフレア」の予測であることに気がつきます。

フレアのエネルギーは、太陽の大気中に蓄えられている磁気エネルギーが主です(30節)。通常の等級C〜X10のフレアでは、10^{22}〜10^{25}ジュール(10ZJ〜10EJ)であり、1万〜10万キロメートルの広がりを持っています。例えば、フレアの等級X1は1年に1回発生し、ハレー彗星が地球に衝突すると仮定したほどの莫大なエネルギー量(10^{24}ジュール)です。

NASAの太陽系外惑星宇宙探査機「ケプラー」により太陽型恒星でのフレアが調べられています。超新星爆発のエネルギーは10^{44}ジュールですが、恒星フレアでは10^{24}〜10^{29}ジュール(等級X1〜X100000に相当)であり、太陽の数十倍の大きさの黒点と太陽の数万倍のエネルギーのスーパーフレアが確認されています。太陽ではこのようなスーパーフレアは起こらないとの主張がありますが、一方、屋久杉の年輪から、西暦774年の奈良時代にスーパーフレアが起こったのではなかろうかとの指摘もあります。電子情報機器時代の現代では、スーパーフレアによる被害は甚大になります。今後の研究の進展が期待されています。

「ケプラー」による恒星の画像
黒点近くのスーパーフレア(白色)

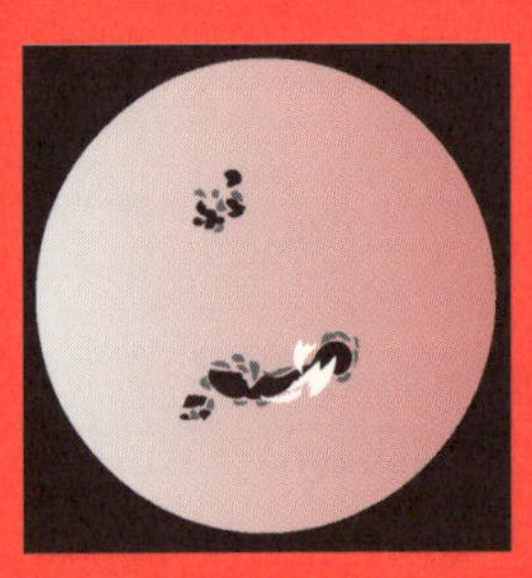

「ノウイング」
原題:Knowing
製作:2009年　アメリカ
監督:アレックス・プロヤス
主演:ニコラス・ケイジ
配給:東宝東和

第4章
太陽宇宙線とニュートリノのふしぎ

25 太陽宇宙線とは？

太陽風と太陽表面爆発

私たちの地球では太陽からのエネルギーにより生命が生育してきました。太陽からの光と熱がなければ、地球は暗黒で氷点下の世界です。太陽からのエネルギーの高い粒子線や電磁波を「太陽宇宙線」と呼びます。太陽電磁波や、太陽ニュートリノ、太陽風（太陽コロナ）や太陽フレアがあります。

高温の物質からは電磁波が放射されます。太陽の表面温度は6千度であり、その高温状態からの電磁波放射として紫外線、可視光、赤外線の「太陽電磁波」が放射されています。太陽からの電磁波としての可視光も広い意味で太陽宇宙線と呼べます。

太陽内部の核融合反応の状況は光速で届く「ニュートリノ」で観測できます。ただし、予想に反して3分の1しか到達していないという「太陽ニュートリノ問題」があり、ニュートリノ振動の減少として明らかにされています（31）。

太陽からは太陽の磁場を含んだ高速のプラズマ流が地球まで届きます。太陽表面からは高温のプラズマ粒子（イオンと電子とに電離した粒子の流れ）が放出されており、「太陽風」や「太陽コロナ」と呼ばれています。主に陽子と電子からなるコロナプラズマは太陽自身の引力でひきつけられますが、太陽からの放射、熱伝導、波動による加熱などにより重力に打ち勝って次第に外向きに加速され、毎秒400キロメートルの超音速のプラズマとして流れ出ています。コロナでは熱源としての太陽表面近くよりも外側に行くほど高温になります。これは「コロナ加熱問題」と呼ばれ、磁力線の再結合によりエネルギーが得られていることが判明しています（28）。

太陽表面では頻繁に大小の爆発が起こります。これは「太陽フレア（太陽表面爆発）」と呼ばれており、太陽風よりも高エネルギーの粒子が飛来し、地球に多大な影響が与えます。私たちの地球は地磁気と大気により、太陽宇宙線から守られているのです。

要点BOX

●太陽宇宙線は太陽電磁波、太陽ニュートリノ、太陽風（プラズマ粒子）、太陽フレアによる高エネルギー粒子

太陽宇宙線と宇宙環境

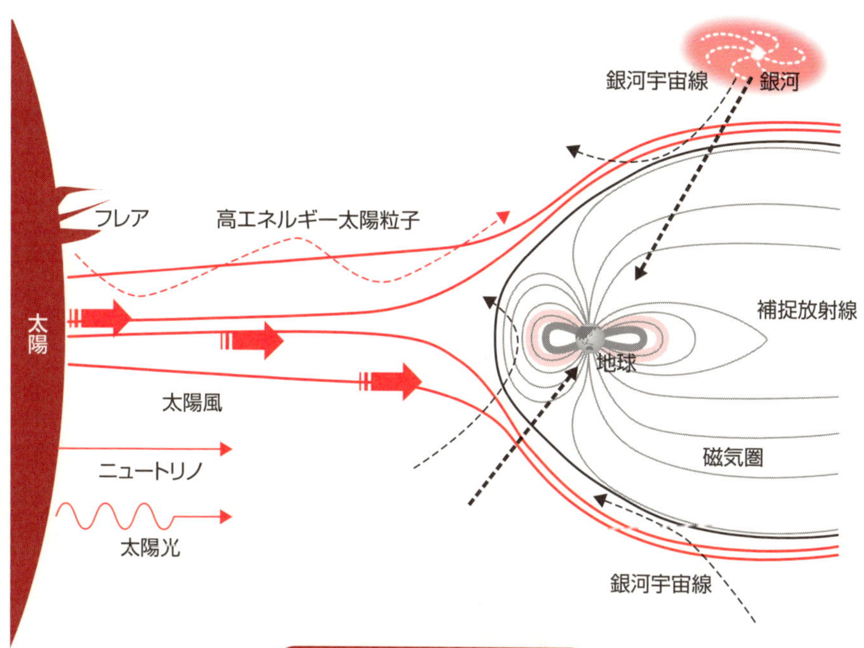

太陽宇宙線のエネルギー

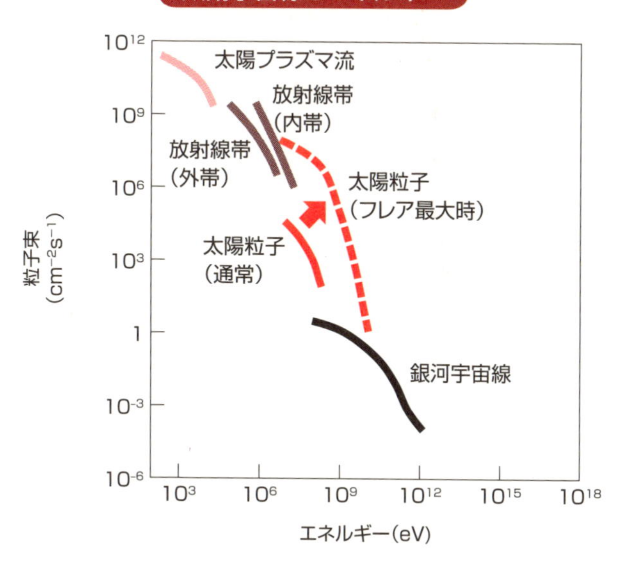

26 太陽の構造は？

巨大な核融合プラズマ

現在知られている太陽の構造を見てみましょう。太陽の半径はおよそ70万キロメートルで地球の約109倍であり、質量は地球の33万倍です。中心部に高温、高圧の「核」があり、その周りに「放射層」「対流層」「光球」、さらに「彩層」「コロナ」があります。

太陽中心の「核」では陽子同士の核融合反応によりエネルギーが生成されています。核融合で発生するエネルギーは「放射層」と「対流層」を通じて太陽表面へと伝わっていきます。太陽中心からの表面への熱エネルギーの伝搬には数百万年かかります。一方、ニュートリノは直接地球に8分後に届きます。

通常、私達が目で見ているのは「光球」の面（約6千度）で5百キロメートルの厚みです。その上の「彩層」は約2千キロメートルの薄い層（数百万度）であり、その外に、数百万キロメートルにも及ぶ「コロナ」（百万度）が広がっています。

太陽中心はおよそ千5百万度であり、太陽の燃焼は4個の水素原子が融合してヘリウムが生成される核融合反応により維持されています。約8百万度以上では、陽子（水素原子）同士で重水素原子が生成され、その重水素と陽子とでヘリウム3ができ、ヘリウム3同士でヘリウム4と2個の陽子が作られるPPチェイン反応（陽子ー陽子連鎖反応）が起こります（左頁下図）。約千3百万度以上ではヘリウムの燃焼でできた炭素、窒素、酸素を触媒とした水素燃焼反応（CNOサイクル反応）も起こっています。この核融合反応では、ガンマ線（γ）の他、反物質としての陽電子（e^+）や素粒子としてのニュートリノ（ν）も生成されています。

太陽のエネルギーは膨大です。しかし、太陽内部の単位体積あたりのエネルギーは、平均して1立方メートルあたり20～30W程度の非常に小さなパワー密度しかありません。すごく大きな体積により、あの灼熱の太陽が作られているのです。

要点BOX

- ●太陽の「核」は1千5百万度で核融合反応持続、「光球」は比較的低温の6千度で可視部分
- ●太陽中心から太陽ニュートリノを放出

太陽の構造

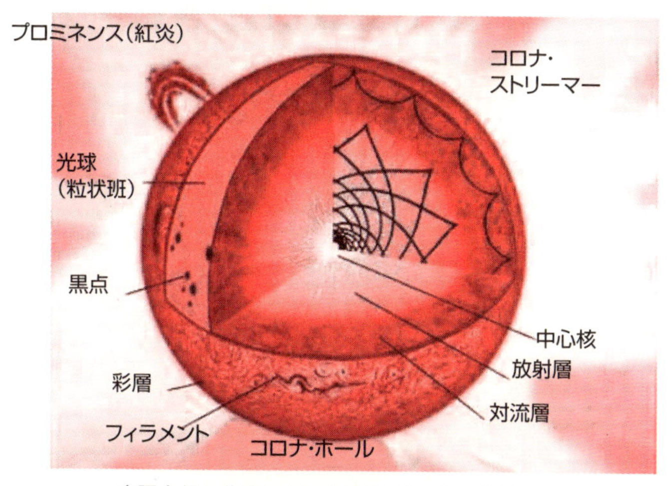

太陽内部の曲線は音波の振動の伝わり方を示しています。

イラスト出典:SOHO(ESA&NASA)
http://sohowww.nascom.nasa.gov/bestsoho/helioseismology/

太陽内部での核融合反応

P-P　チェーン
(約800万度以上で)

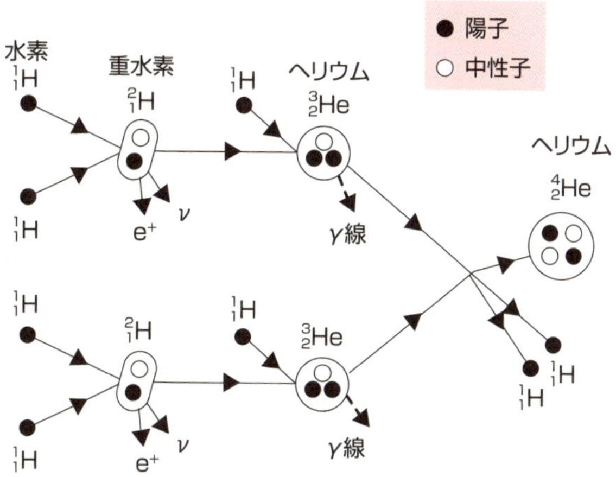

27 太陽活動は11年周期で変化する？

黒点数の変化

今から4百年ほど前の1612年夏にガリレオ・ガリレイは自分で作成した望遠鏡で太陽の「あばた」に相当する黒点の変動を観測し記録していました。それから30年近く後の1645年からその黒点が70年間近くほとんど姿を消したのです。太陽の黒点は太陽活動の極小期・極大期の指針であり、この黒点の少なかった時期は英国の天文学者の名にちなんで「マウンダー極小期」と呼ばれています。

太陽の光球には「黒点」や「白斑」と呼ばれる光度の極端に異なる部分が観測できます。黒点は実際に黒色ではなく、周囲の細胞状の対流によってできる「粒状斑」に比べて温度が千5百度ほど低いだけで、それ自身はかなりの輝きを持っています。黒点の数の増減は11年周期で起こり、太陽の放射強度と密接な関係があります（左頁上図）。

黒点は、数の少ない黒点極小期には南北の30度近辺に現れて次第に数を増しながら、極大期には緯度15度近辺に多数出現します。緯度0度から南北40度までを「黒点帯」と呼びます。これは、太陽の内部磁場を含んだプラズマの回転が、極では遅く、赤道付近は速いので、内部の磁力線が何重にも巻きつけられ、一部の磁力線が光球面の外に浮き上がってきたのです（左頁下図）。黒点は「先行黒点」と「後行黒点」の2つで対になって出現し、黒点の磁場は数千ガウスにも達します。最終的に、磁力線のつなぎ替えが起こり、11年でS極とN極とが入れ替わります。磁極が元に戻るのは22年周期です。

太陽の活動レベルや黒点変化は双極磁場成分による11年周期ですが、さらに4重極磁場成分などからの長期的な変化もあります。マウンダー極小期（1645年から1715年）やダルトン極小期（1970年から1830年）では、黒点やオーロラの発生が極端に少ない時期であり、地球の平均気温も低かったことが判明しています。

要点BOX
- ●太陽の活動期には黒点数が増える
- ●太陽の活動周期は11年
- ●活動の極端に弱いマウンダー極小期

黒点数と太陽強度の変化

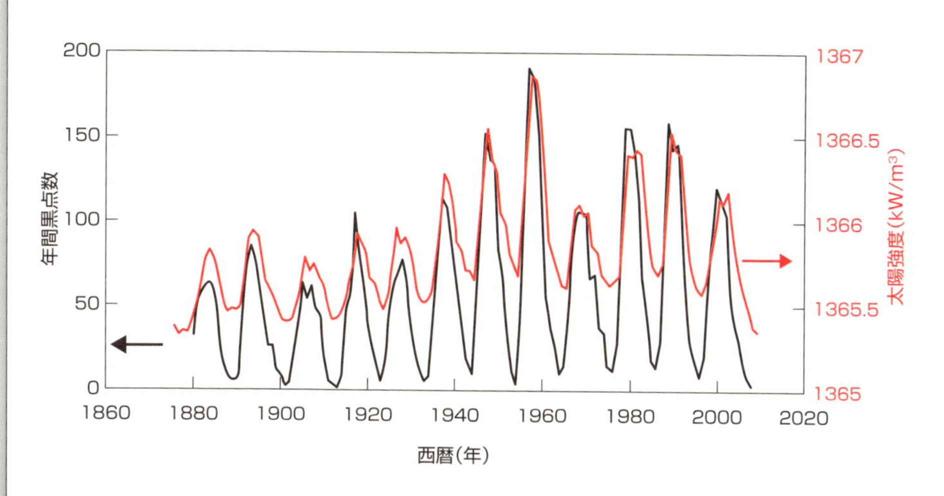

太陽黒点の11年周期

磁場の極性(+、−)の反転は22年周期

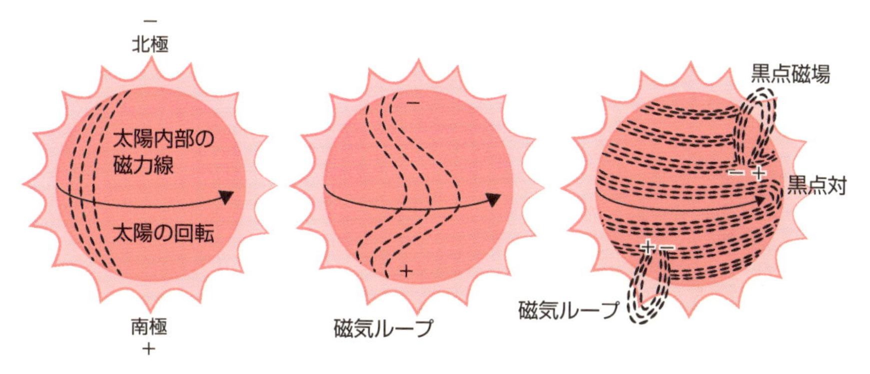

<太陽活動極小期>

<太陽活動極大期>

太陽の赤道近くの回転が速く、太陽内部の磁力線が巻き付きます。

磁力線の巻き付き回数が多くなり磁力線が太陽表面から浮き上がり黒点対ができます。

28 コロナはなぜ外側ほど高温か？

磁気リコネクションによる加速

「コロナ」は太陽を囲む大気の最外側部を構成し、光球面に比べてかなりの高温であり、百万度以上のプラズマからできています。皆既日食時には真珠色のきれいな輝きが波打って見えます。これは太陽磁場とコロナプラズマとの力のバランスで描かれる不思議な曲線です。このコロナが惑星間空間に広がって「太陽風」となります。太陽表面での爆発現象としてのフレア（29）が時折起こりますが、太陽風は常時地球に降り注いでいます。

コロナの明るさは満月程度で、晴れた日の空の明るさより暗いため、通常見ることができません。X線や極端紫外線による画像では、太陽の極の部分で暗い部分が見られます。低温で低密度の領域であり「コロナホール」と呼ばれています（左頁上図）。ここでは磁力が遠くまで伸びており、太陽風の発生源となっています。コロナの形は11年周期にしたがって変化しており、太陽活動の極大期には円形になり、極小期には赤道方向にのびた扁平な形となります。

太陽のエネルギー源はコアでの核融合反応であり、熱は中心から周辺へと流れます。しかし、太陽表面の光球は6千度なのに、その外側に広がるコロナは数百万度にも達します。熱の流れを考えると、低温域から高温域には移動している非常に奇妙な現象です。これは「コロナ加熱問題」と呼ばれています。

加熱の物理メカニズムとして2つ考えられています。磁力線を伝わる波（電磁流体波）がコロナ領域でエネルギーを放出するという「波動加熱説」と、コロナ中にできる磁場の不連続面で小規模なフレア（太陽面爆発）が多数起こっているとする「ナノフレア加熱説」です。通常のフレアのエネルギーは10^{22}～10^{25}ジュールなのに対して、百万分の1のマイクロフレアか、さらに小さい十億分の1のナノフレアが加熱の原因と考えられています。いずれの説でも、磁場が重要な役割を果たしています。

要点BOX
- ●太陽風はコロナホールから噴出
- ●太陽コロナは不思議なことに外側ほど高温
- ●波動加熱説とナノフレア加熱説

コロナホールからの太陽風

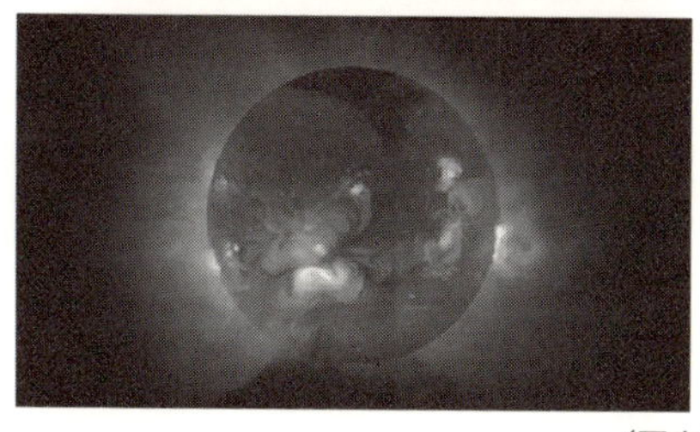

科学衛星「ようとう」の
X線画像

暗部がコロナホール。ここから磁力線が放射状に伸びており高速の太陽風が流出しています。

（写真提供：JAXA宇宙科学研究本部）

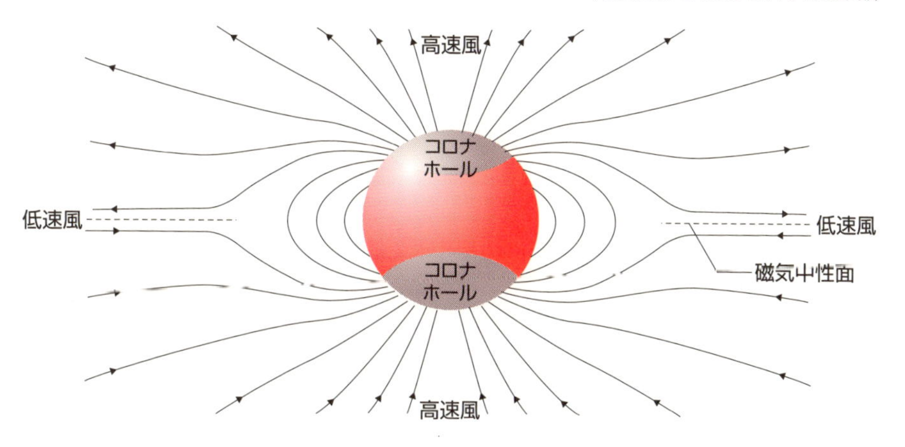

コロナ加熱問題

太陽表面で6千度で、遠方で百万度の謎

波動加熱説

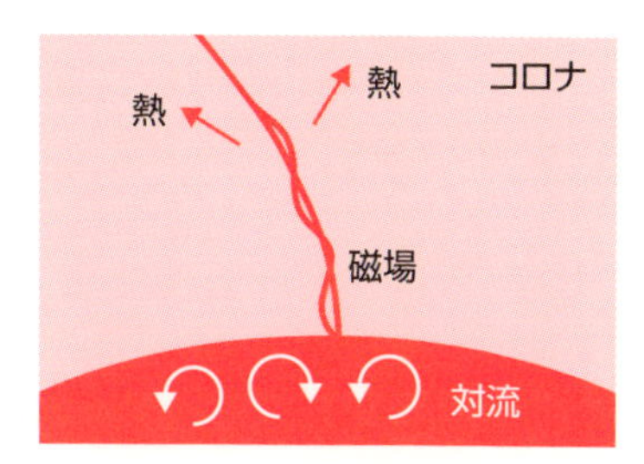

磁力線を伝わる波動が
コロナ粒子を加熱する

マイクロフレア加熱説

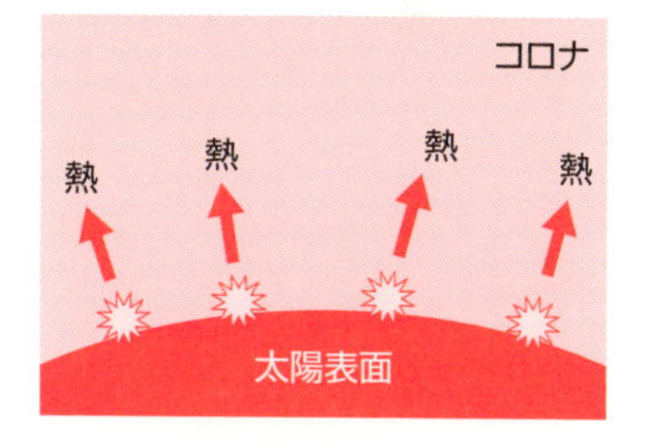

非常に小さなフレア
（太陽面爆発）が
コロナ粒子を加熱する

29 太陽フレアはどうして起こる？

コロナ質量放出（CME）

　1859年にイギリスの天文学者リチャード・キャリントンにより、太陽表面の大気での爆発現象としての「太陽フレア（太陽表面爆発）」が太陽黒点の近くで発見されました。爆発により電磁波としてのX線放射や高エネルギー粒子線（陽子、電子）、磁場を伴ったプラズマの放出が確認されています。フレアは地球の規模を超える大規模な爆発もあり、放出される方向が地球方向かどうかも重要になっています（左頁上図）。

　太陽表面には磁場を含むプラズマ（イオンと電子と電離した気体）で満たされており、太陽磁力線が浮き上がり、逆方向の磁力線と重なり合い、磁気再結合（磁気リコネクション）により磁気中性点（磁場の強さがゼロになる点でX点とも呼ばれます）ができ、内側のプラズマの塊が太陽表面へ跳ね返されると同時に、外のプラズマの塊は太陽空間に放出されます（左頁下図）。この磁場のエネルギーがプラズマの運動や熱エネルギーに変換される爆発現象が太陽フレアです。この磁場を伴ったプラズマの多量な放出は「コロナ質量放出（CME,Corona Mass Ejection）」と呼ばれています。太陽面爆発の場合には秒速1000kmにも達する高速のCMEが観測されますが、爆発現象によらない低速で小さなCMEも数多くあることが判明しています。放出されたプラズマの塊が地球方向に飛んだ場合、磁気嵐など地球環境に多大な影響を及ぼします。

　太陽と地球との距離は1天文単位と呼ばれ、およそ1・5×10^8kmです。光の速さは毎秒3×10^5kmなので、太陽からの電磁波は500秒、すなわち8分20秒で地球に届きます。質量がほぼゼロのニュートリノの速さも光の速さと同じです。高エネルギー粒子線（陽子、電子）は30分〜1日・2日で地球に届きます。コロナフレアによって加速された荷電粒子は数MeV〜1GeV近くのエネルギーを持つ太陽宇宙線です。

要点BOX
- ●大規模フレアは地球サイズを超える
- ●磁気リコネクションにより、プラズマの多量な放出（CME）が起こる

太陽フレアとCME

出典: NASA　Solar Dynamics Observatory（SDO）

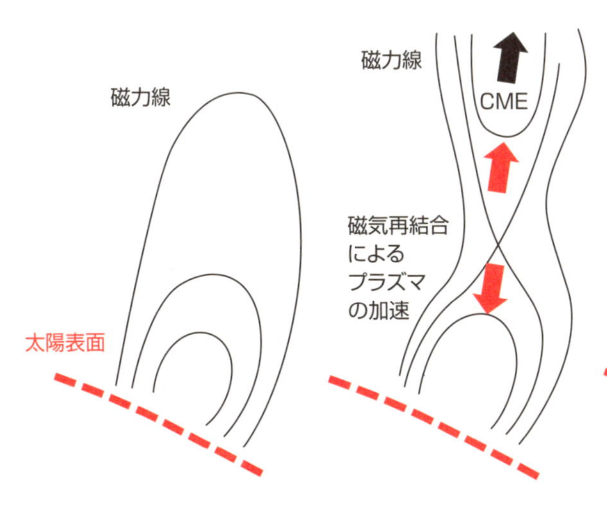

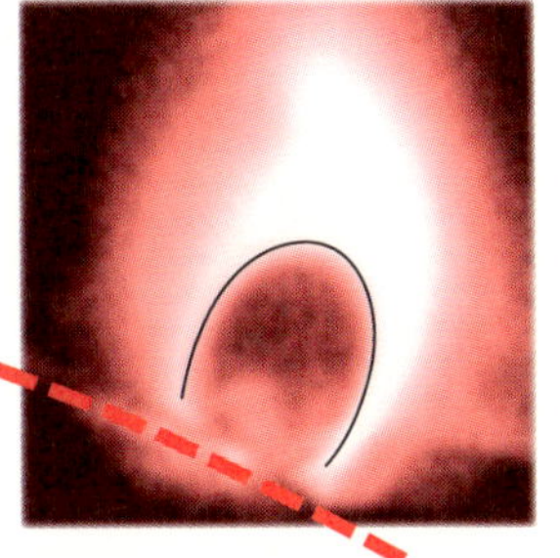

写真に対応する破線と実線が
描かれています

30 スーパーフレアは起こりえる？

キャリントンフレア

太陽活動が活発な「極大期」には大きな「太陽面爆発（フレア）」が起こる時があります。これは、太陽の大気中で磁気エネルギーが突然解放される太陽面の爆発現象であり、太陽の光球のすぐ外の薄い層である彩層で起こり、「彩層爆発」とも呼ばれます。

フレアのエネルギーは、太陽の大気中に蓄えられている磁気エネルギーが主です。10^{22}〜10^{25}J（10ZJ〜10EJ）であり、1万〜10万キロメートルの広がりを持っています。1回のフレアのエネルギー量と発生頻度とは反比例しており、等級A〜Xで区分されています（左頁表）。規模の小さなフレア（例えばB等級）では1日に3回程起こりますが、大規模なフレア（例えばX10等級）は数年から数十年に1度と考えられています。

通常のフレアは年に平均して1〜10回程度の頻度であり、30メガトンの火薬のエネルギーを持つ水爆の百万個から1千万個に相当しています。このフレアでもハレー彗星が地球に衝突すると仮定したほどの莫大なエネルギー量です。

記録に残る最大のフレアとしては、１８５９年のキャリントンフレアがありました。また、１９８９年にはカナダのケベック州で9時間に及ぶ大停電をもたらしたフレアもありました。最近では太陽の極大期に当たる２００３年11月のフレアがあり、等級はX30程度であったと考えられています。スマートフォンやＧＰＳが普及している現代では被害は甚大になると危惧されており、２０１７年の9月のフレアでは、テレビ・新聞などで大々的な注意警報がなされましたが、幸いにもＧＰＳの数十メートルのずれのみで済みました。Ｘ１等級の百倍〜千倍のＸ１００やＸ１０００のフレアは「スーパーフレア」と呼ばれており、太陽型恒星では高温な恒星（ホット・ジュピターと呼ばれる）が近くにある場合に起こると考えられています。

要点BOX
- 1859年のキャリントンフレアが最大級
- 最大級のフレアの１００〜１０００倍のスーパーフレアは我々の太陽では起きない?!

スーパーフレア（超巨大太陽表面爆発）

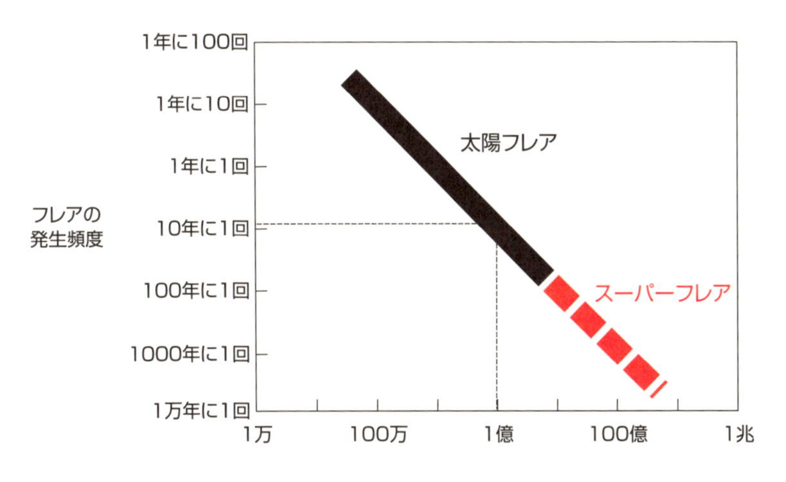

太陽フレアの区分

フレアの規模	等級		発生頻度（回／年）	X線最大強度（W/m^2）	エネルギー（J）	30メガトン水爆相当
爆発小 ↑ フレア ↓ 爆発大	A		10000	10^{-7}	10^{20}	1千個
	B		1000	10^{-6}	10^{21}	1万個
	C		100	10^{-5}	10^{22}	十万個
	M		10	10^{-4}	10^{23}	百万個
	X	X1	1	10^{-3}	10^{24}	1千万個
		X10	0.1	10^{-2}	10^{25}	1億個
スーパーフレア		X100	00.1	10^{-1}	10^{26}	十億個
		X1000	0.001	1	10^{27}	百億個

31 太陽ニュートリノの謎とは？

ニュートリノ振動

宇宙の元素の中では、最も多いのは重さの上で水素ですが、個数の上では光子が最も多く、1立方センチメートルあたり約4百個あり、水素原子の百億倍です。ニュートリノは1立方センチメートルあたり約3百個と、光と同様に宇宙に満ち溢れています。

ニュートリノはクォークや電子よりもさらに小さく、電荷もないので弱い力でしか相互作用せず、地球も楽々通過できます。ニュートリノを止めるには鉛で1光年の厚みが必要とされています。

太陽中心核での核融合反応からは多量のニュートリノが放出されます。標準太陽モデルでニュートリノの量を予想できますが、その数分の1程しか観測されていなくて（左頁上図）、その理由が30年近く謎でした。これが「太陽ニュートリノ問題」です。

ニュートリノには電子型、ミュー型、タウ型の3種類がありますが、太陽で生成されるニュートリノはすべて電子ニュートリノです。また、ニュートリノに質量があるか否かも、これまでの重要課題でした。ニュートリノに少しでも質量があれば、飛行中に相互に別の型に変身することが可能となります。これを「ニュートリノ振動」と呼びます。

日本のSK（スーパーカミオカンデ）実験やカナダのSNO（サドバリーニュートリノ観測）実験により、電子型ニュートリノがミュー型とタウ型に変身することで太陽からの数分の1程度の数のニュートリノしか測定されないことが確認されました。

1次宇宙線が大気中の元素と反応して「大気ニュートリノ」が発生しますが、その中のミュー型ニュートリノがタウ型に変化することがSKで明らかとされました（左頁下図）。

2015年に、太陽ニュートリノ研究でSNOのアーサー・マクドナルド博士とともに、大気ニュートリノ振動に関して、SKの梶田隆章博士がノーベル賞を受賞しています。

要点BOX
- ●太陽では電子ニュートリノが生成
- ●電子ニュートリノが「ニュートリノ振動」でミュー型、タウ型に変身する

太陽ニュートリノ問題（1990年代）

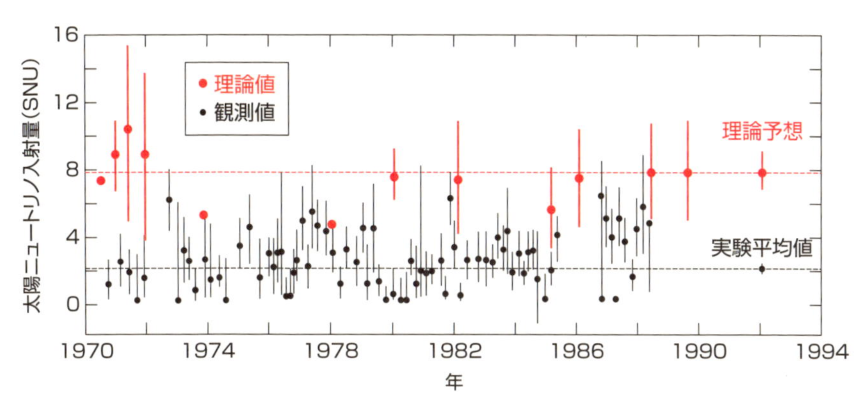

太陽ニュートリノ単位（SNU）は
1秒間当たり1個のニュートリノが
約1000個の原子と相互作用した場合

理論予想（8.0±1.0SNU）の
3分の1以下（2.55±0.25SNU）
しか観測されていません。

大気ニュートリノの振動現象

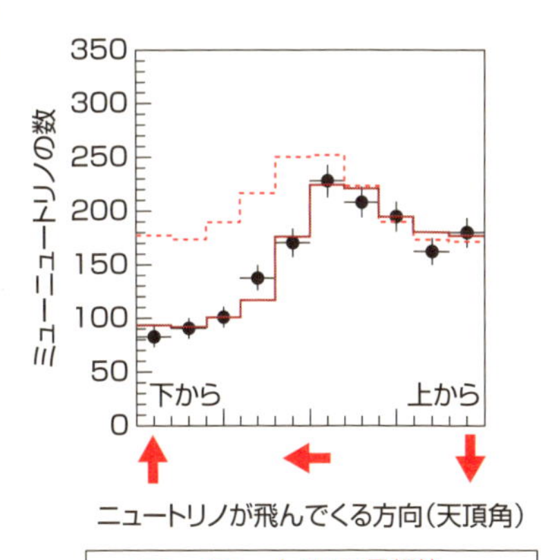

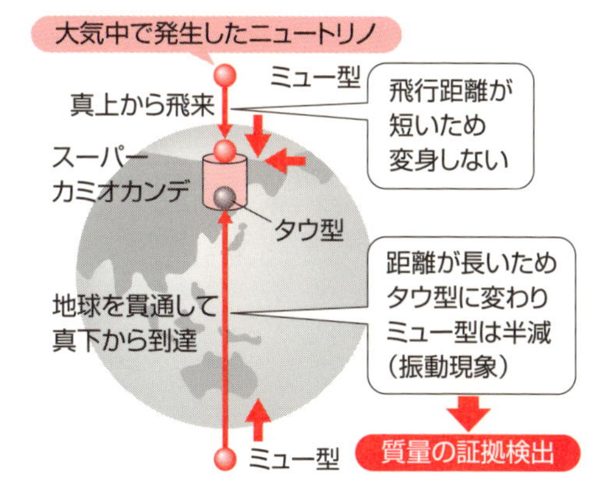

32 太陽活動が銀河宇宙線を変化させる？

フォーブッシュ減少

太陽の活動が激しくなると、宇宙線の地球への飛来が少なくなることが知られています。特に、フレア（太陽表面爆発）によりＣＭＥ（コロナ質量放出）が起こった直後に地球で観測する銀河宇宙線強度が急激に減少し、その後数日かけて回復するという現象が、１９３０年代にアメリカの物理学者スコット・フォーブッシュにより確認されました。これは発見者の名前をとって「フォーブッシュ減少」と呼ばれています。数%から、大きい場合には数十%もの減少を示します。このフォーブッシュ減少とは、太陽フレアによるＣＭＥの発生により、地球の磁気圏まで届いている太陽の磁場構造が乱れてしまい、銀河宇宙線の地球への飛来の一部を遮蔽するため発生すると考えられています（左頁上図）。

太陽活動は、通常11年の周期で増減しますが、太陽の磁場の極性の反転は22年周期です。磁場の極性の反転は、太陽の日射量などには影響しませんが、宇宙線の飛来量だけが顕著に影響を受けます。宇宙線のほとんどは、陽子つまり正に帯電した粒子なので、太陽の磁場の向きが反転すると、陽子に対する太陽圏のバリア効果がわずかに変化し、地球に到来する宇宙線の量の時間変動のパターンが太陽の磁場の向きによってわずかに変わり、22年周期となります（左頁下図）。銀河宇宙線は数十MeVから10^{20}eVにまでの広範なエネルギースペクトルを持ちます（6）が、高エネルギーの宇宙線は数が少なく、量も少ないので、大気への影響は大きくありません。太陽活動の影響を受ける銀河宇宙線のエネルギー範囲は主に10GeV以下のエネルギー領域です。

このように、太陽活動に応じて増減する宇宙線が、大気の電離度を変化させ雲の量を増減させているという説が、デンマークのスベンスマルク博士らのグループによって提唱され（49）、地球温暖化との関連も議論されてきています。

要点BOX

- ●フレアに伴って銀河宇宙線が減少
- ●太陽活動は１１年周期で、宇宙線減少は22年周期

太陽磁場の乱れと銀河宇宙線の減少

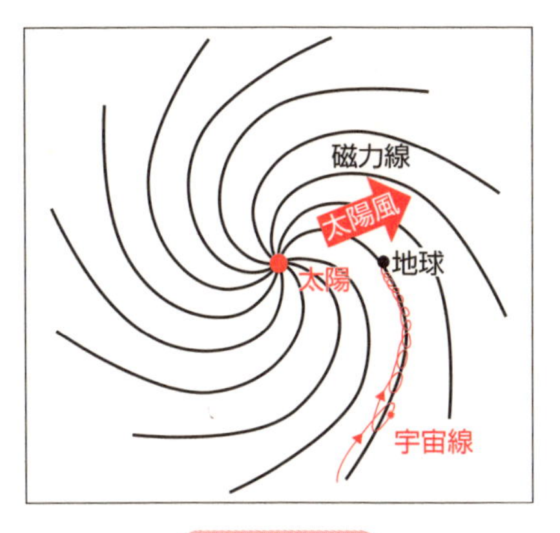

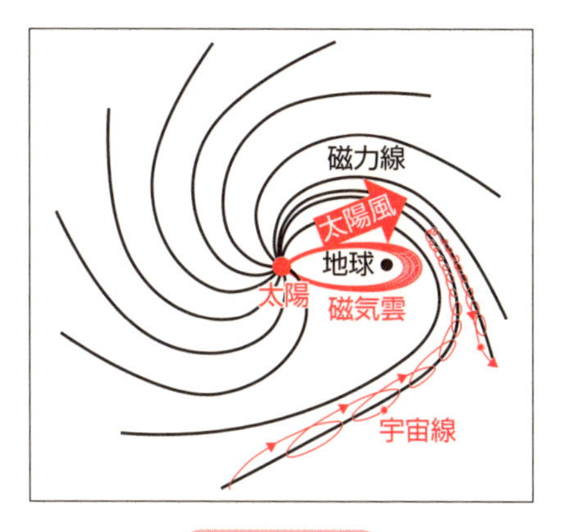

フレア発生時

宇宙で生まれた高エネルギー粒子（宇宙線）は、宇宙空間の磁場に沿って地球にやってきます。

フレア発生時

太陽面での爆発現象によって磁場が乱されると、地球に来る宇宙線量は減少します。

太陽活動による宇宙線の減少

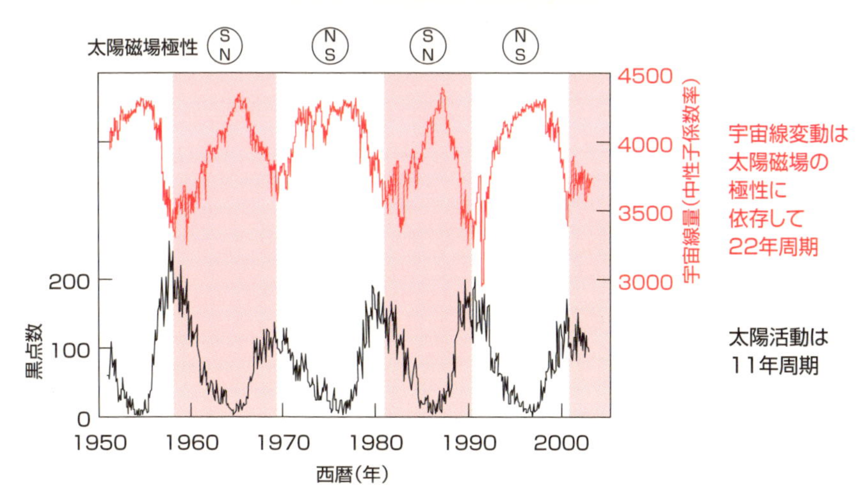

影をつけた時期は太陽磁場の極性が負の時期に対応する。宇宙線量は極性が負のときは鋭いピークを持つが、極性が正のときは比較的なだらかなピークを示す。

Column

宇宙人と交信する？
SF映画「コンタクト」

宇宙人は存在するのでしょうか？　それをまじめに研究しているプロジェクトがＳＥＴＩ（セティ）と呼ばれる地球外知的生命体探査計画（Search for Extra-Terrestrial Intelligence）です。地球外知的生命体による信号を受信し、宇宙文明を発見するプロジェクトです。これは空想科学と自然科学との接点でもあります。

宇宙からはさまざまな信号が地球に飛来しますが、主に電波望遠鏡による信号の解析により有意な信号の検出を試みています。特に、プエルトリコのアレシボ天文台により収集された宇宙から届く膨大な電波を世界中のボランティアのパソコンを分散型計算機として利用し解析が行われています。

映画「コンタクト」は、コーネル大学惑星研究所長であったカール・セーガン氏の原作です。アレジボ天文台でＳＥＴＩの研究をしていた女性研究者が資金を集めて、ニューメキシコの超大型干渉電波望遠鏡群での探査を再開します。ある日、彼女はこと座のヴェガ（織女星）から断続的に発信し続けられる有意な電波信号を受信し、物語が発展します。

宇宙の年齢が十分に長く、恒星の数も膨大なので、地球外文明が存在する可能性は非常に高いと考えられますが、人類以外の知的生命体とのコンタクトがまったくないという事実との矛盾を、イタリアの物理学者エンリコ・フェルミは指摘しました（１９５０年）。これはフェルミのパラドックスとして知られています。

ＳＥＴＩの前身は１９６０年のオズマ計画であり、米国天文学者フランク・ドレイクが主導した計画です。地球と交信できるような宇宙文明の数（Ｎ）を推定するためのドレイク方程式（１９６１年）があり、７つの数字の積を用いて「Ｎ＞＞１」となり、宇宙人は地球に来ていることになります。実際には人類を含めてＮ～１なのです。

SETIの電波望遠鏡システム

「コンタクト」原題:Contact
原作:カール・セーガン
製作:1997年　アメリカ
監督:ロバート・ゼメキス
主演:ジョディ・フォスター／マシュー・マコノヒー
配給:ワーナー・ブラザーズ

第5章 放射線帯の構造を見てみよう

33 放射線帯とは?

発見者バン・アレン博士

超新星残骸からの銀河宇宙線や太陽からの太陽宇宙線としての多数の荷電粒子が地球に降り注ぎます。これらの粒子は地球の周りの地磁気に閉じ込められベルト状に存在しています。これは「放射線帯」と呼ばれています。この放射線帯は1958年1月に打ち上げられたアメリカ最初の人工衛星「エクスプローラー」に搭載された宇宙線観測用のガイガーカウンターの観測により明らかにされました。これはアメリカのアイオワ大学のバン・アレン教授のグループが開発した装置であり、バン・アレン教授によって発見されたことから、「バン・アレン帯」とも呼ばれています。バン・アレン帯は「外帯」と「内帯」との2層でできています。外帯と内帯との間の領域を「スロット」と呼んでいます。

太陽からのプラズマ（電離した粒子）が宇宙空間に届く距離は、太陽と地球との距離（1天文単位）のおよそ100倍ほどであり、太陽圏界面と呼ばれています。太陽風と地磁気との相互作用で衝撃波面と磁気面界面が形成されますが、その軸対称性は大きく崩れています。バン・アレン帯も太陽風の影響で、太陽側で狭く、太陽の逆側で幅が広くなっています。

気象衛星「ひまわり」などの静止衛星は、地上から3万6千キロメートルの静止軌道上を運行しますが、外帯の中心は静止軌道のおよそ半分の高さで、内帯の中心はおよそ10分の1の高さです。静止衛星の打ち上げ時には放射線帯を通り抜ける必要があります。一方、現在運航中の国際宇宙ステーション（ISS）は300から500キロメートルの高さですので、バン・アレン帯を直接通過しません。ただし、太陽、銀河、放射線帯の線源からの宇宙線を受けています。地上では地球の大気と地磁気により宇宙線から守られていますが、ISSでは地球のおよそ千倍の宇宙線を浴びることになります。

要点BOX
- ●放射線帯はバン・アレン博士により発見
- ●バン・アレン帯は外帯、内帯、スロット領域
- ●静止衛星は外帯の上方、ISSは内帯の下方

太陽風と放射線帯（バン・アレン帯）の構造

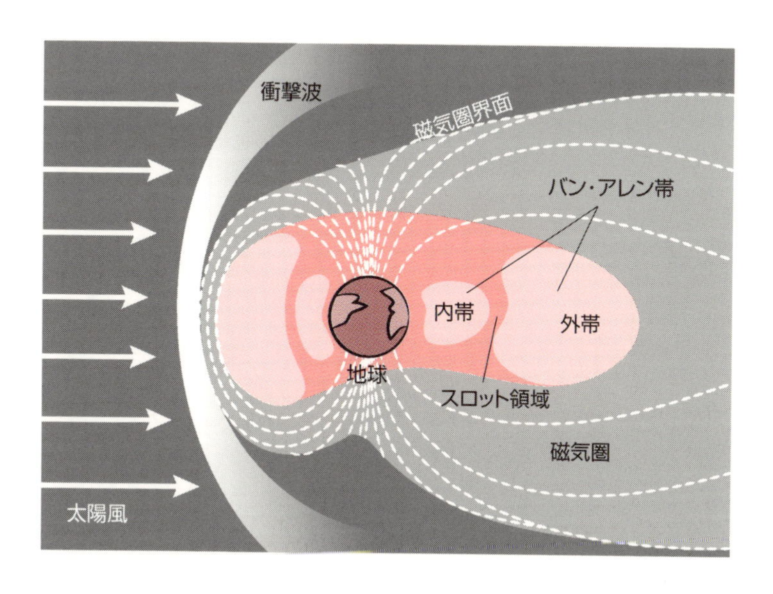

太陽圏界面	約1.5×10^{10} km（約100天文単位）
太陽	1.5×10^{8}km（1天文単位）
磁気圏界面	約60,000 km
静止軌道衛星	約36,000 km
バン・アレン帯	
外帯	15,000〜25,000km
内帯	1,000〜5,000km
国際宇宙ステーション	約400km
ジェット機	約10km
富士山頂	3.8km
地表	0km
地球中心	- 6,378km

エクスプローラー
（1985年）

34 放射線帯はどのように作られるのか？

サイクロトロン運動

放射線帯はどのようにできるのでしょうか？ 太陽や銀河からの宇宙線としての荷電粒子が地球磁場に捕まって放射線帯が作られているので、磁場と荷電粒子の動きを理解することが必要です。磁場中で荷電粒子が動くと、荷電粒子に磁場からの力が働きます。加わる力の方向は、磁場と運動の2つの方向に対して垂直な方向です。この力はオランダの理論物理学者の名前をとって「ローレンツ力」と呼ばれています。正の電荷の流れの方向が電流（I）の方向なので、磁場（B）中で加わる力（F）の方向は、親指から人差し指、中指をF・B・Iとした「フレミングの左手の法則」で覚えられています（左頁上図）。

一様な磁場の場合には、どこでも同じ力が加わるので、軌道は円形となり、慣性力としての遠心力とローレンツ力としての向心力が釣り合って一定の円運動を描きます。磁場の方向にも速度がある場合には、粒子は磁場に巻き付いたラセン軌道を描きます。

磁場が強く、質量が小さい場合には旋回の半径（ジャイロ半径）が小さくなり、回転周波数も高くなります。電子は小さなジャイロ半径で速く回り、イオンは大きなジャイロ半径でゆっくり回ります。また、回転の方向も電荷の正負が異なるので逆となります。これらを「サイクロトロン運動」と呼びます。

磁場の弱いところから強いところ（磁力線が集まっているところ）へ荷電粒子が移動すると、磁場に垂直のエネルギーが増加しますが、粒子のエネルギーが保存されているので、磁場に平行なエネルギーが減少して粒子が反射されます。これは、磁力管に相当する円錐の容器の中のボールの運動に似ており、磁場と垂直の方向に速度がある場合には、粒子は跳ね返ってきます（左頁下図）。

地磁気の磁力線に巻き付いて運動する電子や陽子が極近くで反射されて閉じ込められることになり、放射線帯が作られることになります。

要点BOX
- 磁場中の荷電粒子のサイクロトロン運動
- 慣性力の遠心力とローレンツ力の向心力とのつりあい

磁場中の荷電粒子

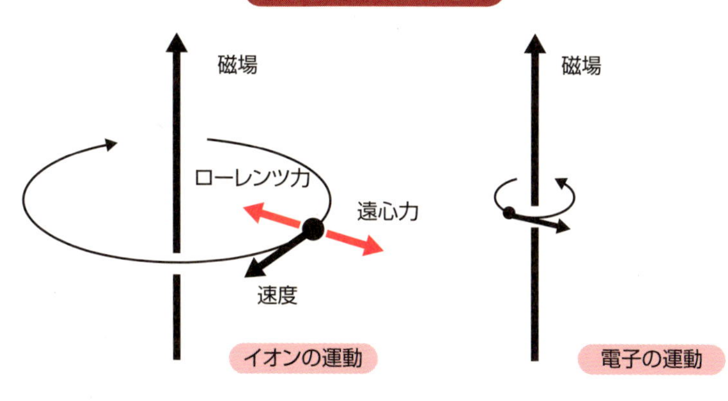

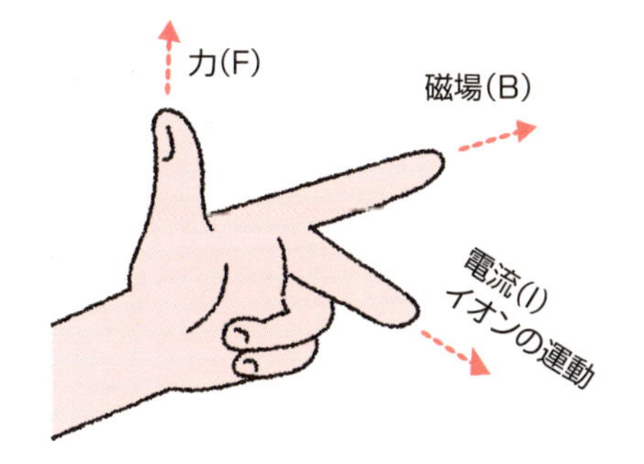

フレミングの左手の法則

バン・アレン帯での荷電粒子の軌道

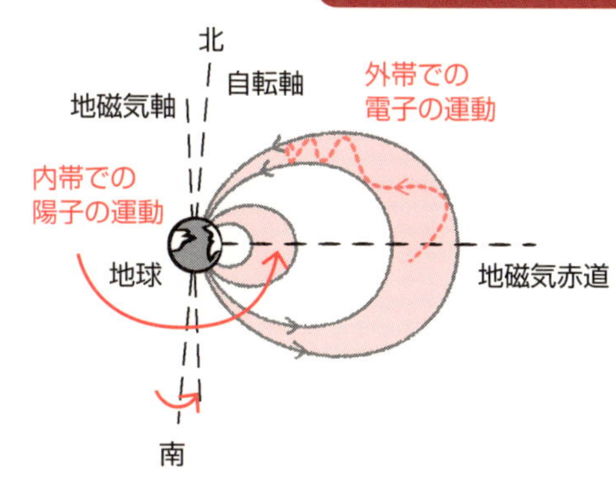

地磁気に巻き付く荷電粒子の運動

極近くで地球磁場強度が強くなり
荷電粒子は反射される

円錐面に沿ったボールの落下運動

ボールは先端の穴に落ちずに戻ってくる

35 放射線帯は2重構造なのか？

陽子は1重、電子は2重

地球の放射線帯（バン・アレン帯）は内帯と外帯との2層の領域に分かれていますが、内帯と外帯との特徴・相違は何でしょうか。地球の半径は6400㎞ですが、「内帯」は、赤道上空では地球の半径ほどの高度の1000〜5000㎞にある低い領域です。一方、「外帯」は地球の直径ほどの高度の15000〜25000㎞の領域にあります。内帯と外帯との隙間の領域は「スロット（谷間）」と呼ばれる放射線粒子の少ない領域です。

バン・アレン帯の内帯は電子と陽子でできています。電子は太陽風や上層大気と宇宙線によって生じた電子です。陽子は宇宙線によるものです。一方、外帯はおもに太陽風起源の電子でできています。電子は2重のベルト構造をしていますが、実は陽子は内帯に集中した1重の構造なのです。エネルギーが高い電子ほど、明確な2重構造を示しています。

内帯に一度入った荷電粒子は数か月から数年間捕捉されていると考えられますが、外にいくほど急激に粒子の消失が速くなります。一方、スロット領域の外側では何らかの加速メカニズム（例えばプラズマ波動による加速）により、高エネルギーの電子が維持されており、これが電子の2重構造の生成メカニズムであろうと考えられています。これまでに、内帯の更に内側にヘリウム、炭素などの宇宙線粒子が直接つかまってできた第3の放射線帯が発見されています。最近では、太陽フレアが起きたときに、外帯の更に外側の放射線帯も確認されています。

これらの放射線帯の荷電粒子は地球磁場に捕捉されています。特に、太陽の活動が活発な時期には太陽風により地球磁場が大きく引き伸ばされ、磁気再結合でプラズマ粒子が加速されて、オーロラ（極光）が発生します。放射線帯の粒子の一部は赤道付近の上空の大気圏にも流入しますが、通常は個数が少ないので目で確認できる発光はありません。

要点BOX

- ●内帯には電子と陽子、外帯は太陽起源の電子
- ●陽子は1重だが、電子は2重のベルト構造
- ●第3の放射線帯の発見

2重構造のヴァン・アレン帯

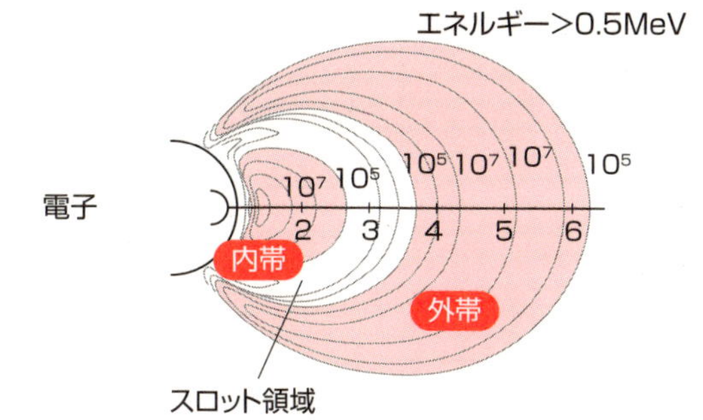

電子は内帯と外帯の2重構造
電子は太陽と2次宇宙線から

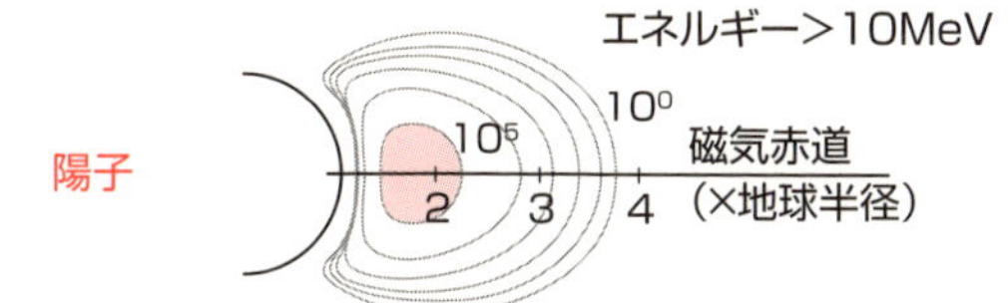

陽子は内帯
陽子は1次宇宙線から

バンアレン帯粒子分布の太陽活動の影響

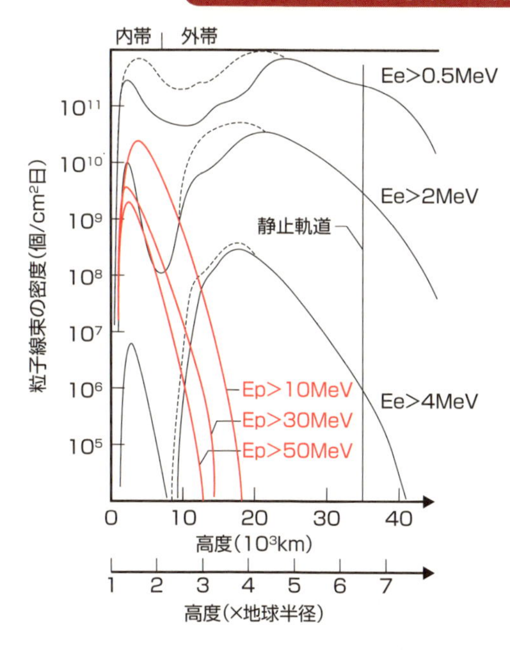

電子 ―― 太陽活動極小
電子 - - - - 太陽活動極大
陽子 ――

電子の分布は
太陽活動に影響される

陽子の分布は
太陽活動にほとんど影響されない

36 放射線帯粒子が大量に届く場所は？

南大西洋異常帯（SAA）

放射線帯（バン・アレン帯）の粒子は地磁気に巻き付いて捕捉されています。その一部は磁力線に沿って放射線帯の中央部分から磁力線の絞られた場所としての上空に流れ込んできます。

バン・アレン帯の内帯の最低の高度は通常の場所では千キロメートル以上ですが、さらに低い高度3百から4百キロメートルまで下がってくる場所があります。そこでは、同じ高度で比較すると放射線の強度が異常に高くなります。

これは、「南大西洋異常帯」（SAA：South Atlantic Anomaly）、または「ブラジル異常帯」と呼ばれています。このブラジル南部地域では地磁気強度が日本付近の半分程度の24000ナノテスラ（0・24ガウス）と異常に弱いのが特徴です（左頁上図）。

地理上の「極」は、地球の公転軸から23・4度傾いた自転の軸を基に定義されます。一方、方位磁針が地面に対して垂直になる地点は「磁極」と呼ばれ、北磁極は北極から千キロメートルほど離れたカナダ北部であり、北緯83度、西経114度の位置です。

さらに、地球の磁場を地球中心に置いた棒磁石（磁気双極子）で近似した場合の地磁気と地球表面との交差からの定義として、「地磁気極」があります。磁極と同様に地磁気極も長年にわたりゆっくりと変化（永年変化）しています。

北地磁気は自転軸に対しておよそ10度傾いており、2017年では北緯80・5度、西経72・6度です。南地磁気極は北地磁気極のちょうど対角の場所にあります。実際の地磁気の構造は完全な双極磁場と異なり複雑であり、北磁極は北緯86度西経173度に対して、南磁極は南緯64度、東経136度で、北磁極と南磁極を結んだ軸は地球の中心を通らず、これがブラジル上空で地磁気が弱くなり、南大西洋異常帯ができる原因です。

要点BOX
- ●放射線の強度が高い南大西洋異常帯
- ●実効的な地磁気軸が地球中心を通らないことが異常帯の原因

バン・アレン帯と南大西洋異常帯

地磁気の軸と放射線帯

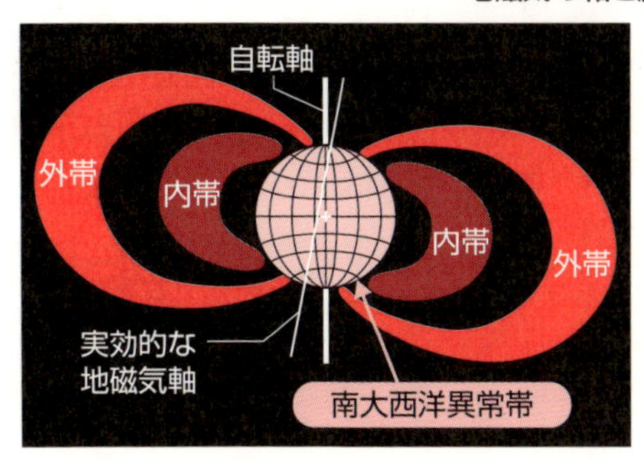

実効的な地磁気の軸が
地球の中心を通っていないので
放射線異常帯が生成

地磁気の強さの世界分布（単位:ナノテスラ）

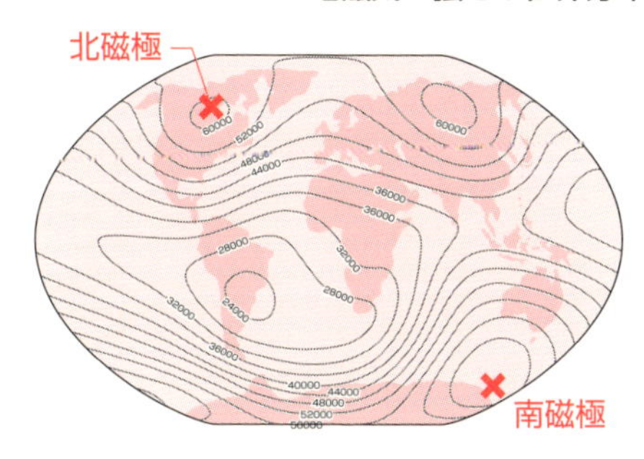

ブラジルでの地磁気の強さは
日本の半分程度

ブラジル上空での宇宙線

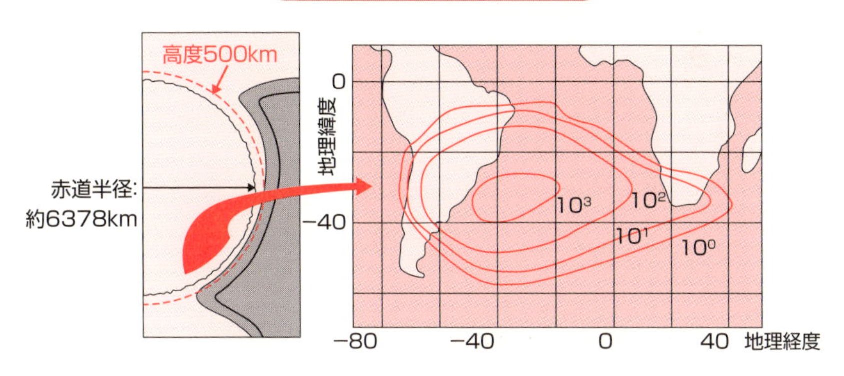

高度500kmでの50MeV以上の
陽子の流速の分布

37 他の惑星にも放射線帯はあるのか？

木星、土星、天王星、海王星

地球にはバン・アレン帯という放射線帯がありますが、他の惑星にも放射線帯はあるのでしょうか？

太陽宇宙線や銀河宇宙線としての高いエネルギーを持つ荷電粒子が惑星の磁場に巻き付いて閉じ込められているベルト状の構造が放射線帯です。放射線帯ができるためには、まず、地磁気のような惑星固有の磁場が必要です。太陽系の中の惑星8個のうち、水星、地球、木星、土星、天王星、海王星の6個の惑星に固有の磁場があります。一方、火星や金星には残留磁場はありますが、固有磁場がありません。

惑星に固有な磁場構造は、太陽からのプラズマ流（太陽風）により顕著な変形を受けます。惑星の前面には弓状衝撃波面（バウショック）が生成され、固有磁場を持った惑星（磁化惑星）では磁気圏界面（マグネトポーズ）ができます。これは、太陽風の圧力と地球磁場の圧力が釣り合う場所に形成され、地球の場合には地球半径の約10倍程度の場所です。

一方、固有磁場を持たない非磁化惑星では磁気圏界面ではなくて大気の上層との境界としての電離圏界面（イオノポーズ）ができますが、ドーナツ型の放射線帯は形成されません。

人工衛星などの観測から、地球の他に、磁化惑星としての木星、土星、天王星、海王星に放射線帯が存在することが明らかになっています。水星については、磁場の強さが他の惑星に比べて百倍ほど弱く、磁気圏よりは水星本体が大きな場所を占めているので、エネルギーの高い粒子が安定に存在する放射線帯はないと考えられています。

惑星磁場に関連する自然現象としてオーロラの発生があります。太陽からのプラズマ粒子が届き、磁場と大気圧がある惑星では、光るプラズマのカーテンとしてのオーロラが観測できます。地球同様、木星と土星との南北の極にオーロラがあることが宇宙ハッブル望遠鏡の観測により明らかにされています。

要点BOX

- 磁化惑星としての木星、土星、天王星、海王星に放射線帯が存在
- オーロラは惑星磁場や放射線帯に関連

太陽風と惑星の関係

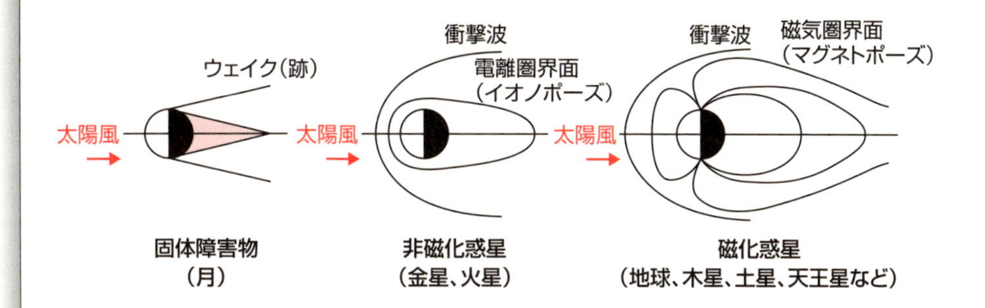

惑星の磁気圏構造

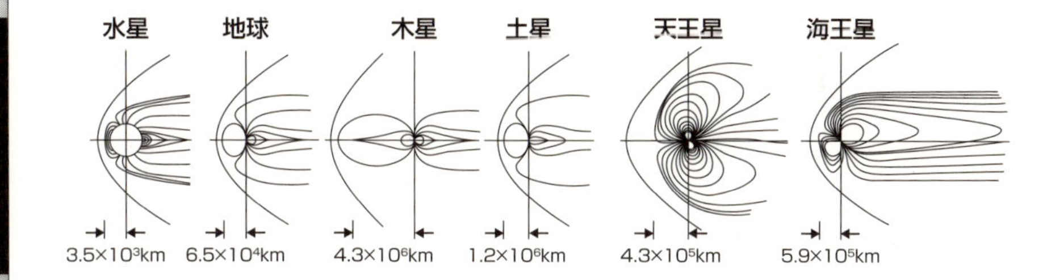

惑星	磁場 (T)	特徴
水星	2×10^{-7}	固有磁場
金星	$<10^{-8}$	プラズマ相互作用
地球	5×10^{-5}	固有磁場
月	$10^{-9}-10^{-7}$	残留磁化
火星	$10^{-9}-10^{-4}$	残留磁化
木星	4.2×10^{-4}	固有磁場
土星	2×10^{-5}	固有磁場
天王星	2×10^{-5}	固有磁場
海王星	2×10^{-5}	固有磁場

(参考)
パルサー

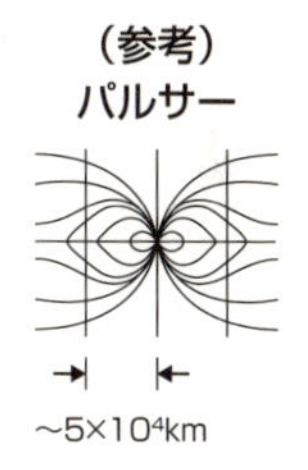

Column

重力と地磁気が地球を守っている?
SF映画「ゼロ・グラビティ」

アリストテレスの自然学では、物（たとえば矢）が飛ぶには何かの媒体（矢の場合は空気）が物を押すからだと考えられていました。アリストテレス以降では、1300年代前半のフランスの哲学者ジャン・ビュリダンにより、物体には運動し続ける能力（インペトゥス：駆動力）があるとされ、上方に進むと重さにより、その能力が減少すると考えられました。これは「慣性の法則」の原形であり、外力が働かない限り永遠に等速直線運動することを唱えたものです。

地球から遠く離れた空間での宇宙遊泳でも慣性の法則は重要です。米英映画「ゼロ・グラビティ」では、真っ暗な宇宙空間に慣性の法則にしたがって浮遊する宇宙飛行士の不安な心理が巧みに描写されています。その宇宙空間には飛来する宇宙ゴミ（スペースデブリ）の恐怖もあります。

国際宇宙ステーション（ISS）は高度400キロメートルを秒速7・5キロメートルで動いており、ライフルの速さ（秒速1キロメートル）の7倍の速さです。正面衝突の場合には、この2倍の速さにもなるので、非常に小さ宇宙ゴミも脅威となります。

映画の物語では、スペースシャトル「エクスプローラー号」にてハッブル宇宙望遠鏡の修理作業中に事故に遭遇します。ロシアの古い衛星の爆破作業が失敗して、連鎖的に増えた宇宙ゴミがシャトルを直撃して、主人公は宇宙に投げ出されてしまいます。ISSから中国の宇宙ステーション「天宮」に移り、中国製のロケットでただ一人地球に帰還します。地球の大気は重力と地磁気で守られていますが、主人公は重力の有難さをしみじみと感じることになります。

参考までに、映画にも登場するハッブル宇宙望遠鏡は、銀河系の暗黒物質や、銀河系中心の巨大ブラックホールを発見し、宇宙の膨張速度をも明らかにする成果を出しています。

「ゼロ・グラビティ」
原題:Gravity
製作:2013年　米・英
監督:アルフォンソ・キュアロン
主演:サンドラ・ブロック
　　　ジョージ・クルーニー
配給:ワーナー・ブラザーズ

2次宇宙線を観測する

38 2次宇宙線とは？

1次宇宙線が大気原子に衝突

地球は地磁気と大気により、宇宙線から守られています。磁場によって電荷を持つ宇宙粒子線の軌道が曲げられ、大気の原子と衝突し、原子を壊してこれらがさらに大気中の原子に次々に衝突し、さまざまな放射線が生まれてシャワーのように地表面に降り注ぎます。この過程で宇宙からの放射線の性質が変化し、強度が減少していきます。

宇宙から飛んでくる宇宙線を「1次宇宙線」と言い、これに対して大気中で二次的に生成する宇宙線を「2次宇宙線」と呼びます。

「1次宇宙線」は太陽系外における超新星爆発残骸で生成される高エネルギー粒子や太陽活動の際に放出される高エネルギー粒子であり、その成分は、主に陽子ですが、アルファ粒子、さらにやや重い原子核もあります。

一方、「2次宇宙線」は、1次宇宙線が大気中の原子核（窒素や酸素）と衝突の結果発生する核子（陽子、中性子）、電子や多数の素粒子（π中間子、K中間子、ミュー粒子など）などで構成されています。その生成プロセスは、連なった小さな滝の意味で「カスケード」、あるいは「カスケードシャワー」と呼ばれています。

300ギガ電子ボルト（300GeV=3×10^{11}eV）の核子としての陽子と電磁波としてのガンマ線が大気中に入射された場合の計算機の結果を左頁下図に示します。ジェット旅客機の飛行する高さの2倍ほどからカスケードが始まり、多くの2次放射線が生成されます。核子カスケードの場合には横の広がりが電磁カスケードの場合に比べて広くなり、高度の5分の1ほどの4キロメートルとなります。

航空機乗務に伴う宇宙線被ばくは、この2次宇宙線によるものです。一方、成層圏へと飛び出した宇宙船や宇宙ステーションでは、1次宇宙線による被ばくに留意する必要があります。

要点BOX

- 1次宇宙線は太陽や銀河からの放射線
- 2次宇宙線は1次宇宙線が大気中の原子核（窒素や酸素）と衝突により発生する放射線

1次宇宙線と2次宇宙線

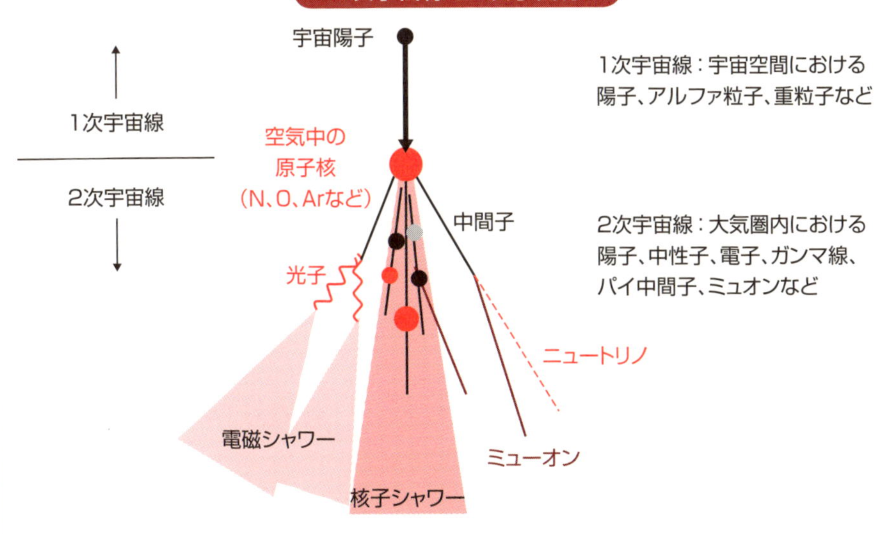

空気カスケードの発達

（計算機シミュレーションの例）

核子カスケードシャワー

（300GeVの陽子入射）

電磁カスケードシャワー

（ 300GeVのガンマ線入射）

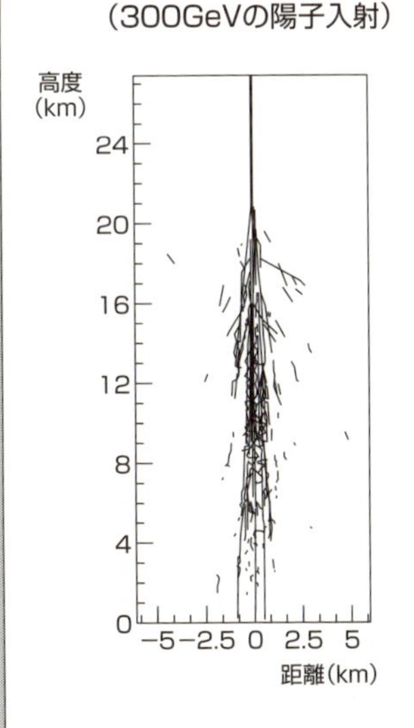

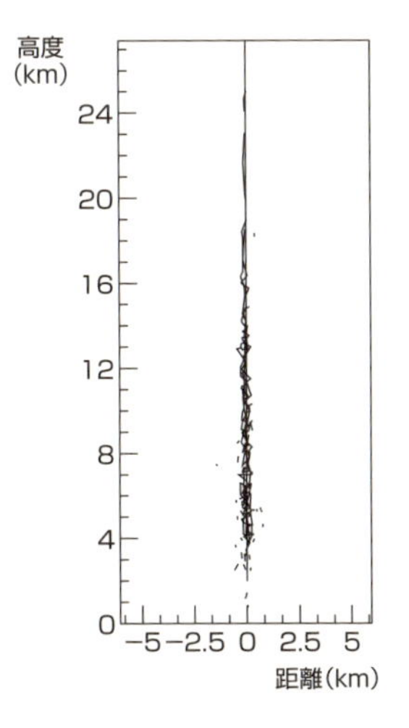

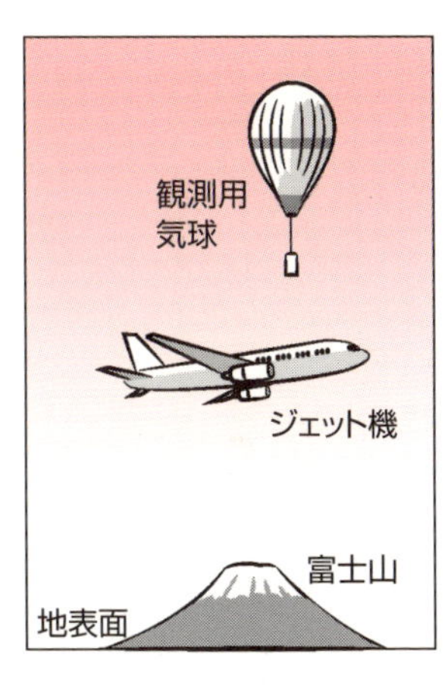

39 空気カスケードシャワーとは?

核子カスケードと電磁カスケード

1次宇宙線が大気中でいろいろな粒子線や電磁波に変換されてシャワーのように2次放射線が降り注ぎます。空気中で多段的にシャワーが起こるので、「空気カスケードシャワー」と呼ばれています。英語でカスケードとは、階段状に連続する小さな滝のことを意味しています。

入射する1次宇宙線の種類や衝突する大気中の粒子の種類により、生成・変換される放射線が異なってきます。1次宇宙線粒子の90%近くが陽子ですが、陽子が空気中の窒素、酸素、アルゴンなどの原子核と衝突すると、パイ中間子やK中間子などの多重発生が起こります。そのほか、陽子や中性子なども発生します。これらのパイ中間子は、さらにミュー粒子やガンマ線（光子）に変換されます。

荷電パイ中間子（正荷電）からは反ミュー粒子（正電荷）とミューニュートリノが、反荷電パイ中間子（負電荷）からはミュー粒子（負電荷）と反ミューニュートリノに短時間に崩壊します。一方、中性パイ中間子は2つのガンマ線に崩壊します。また、K中間子もミュー粒子やパイ中間子などに崩壊します。これらの反応を繰り返して粒子数を増す現象は、「核子カスケードシャワー」と呼ばれます。

一方、ガンマ線（光子）や電子が1次宇宙線の場合には、原子内の電場との相互作用によって、ガンマ線（γ）は電子（e^-）と陽電子（e^+）とを誘起し（これは「対生成」と呼ばれる）、また、電子や陽電子はガンマ線の放射を繰り返すため、シャワーの成分はガンマ線、電子、陽電子の混合した放射線となります。反応が起こるごとに、ガンマ線や電子・陽電子が増えていき、平均的にエネルギーが分割されていきます（左頁下図参照）。これは「電磁カスケードシャワー」と呼ばれています。

地表に届く宇宙線粒子の線量率の80%近くはミュー粒子であり、20%が電子です。

要点BOX

- 1次宇宙線としての陽子による2次宇宙線生成は核子カスケード
- 光子や電子によるシャワーは電磁カスケード

空気シャワーのイメージ図

核子カスケードの模式図

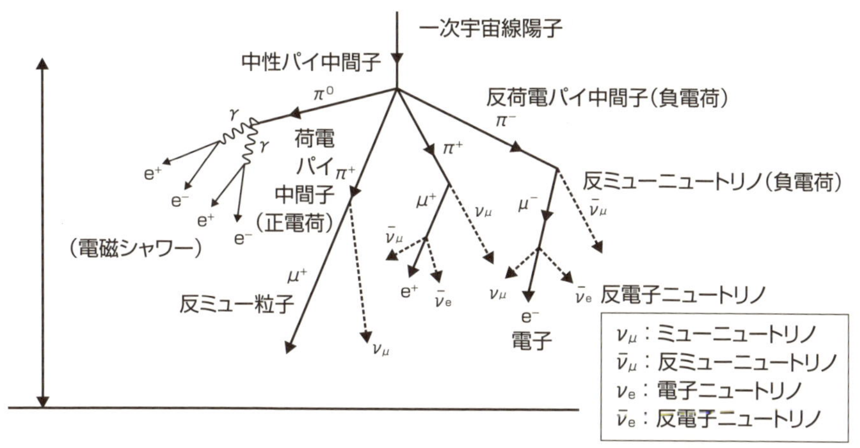

地上での宇宙線強度は
ミュー粒子が80%
電子が20%

電磁カスケードの模式図

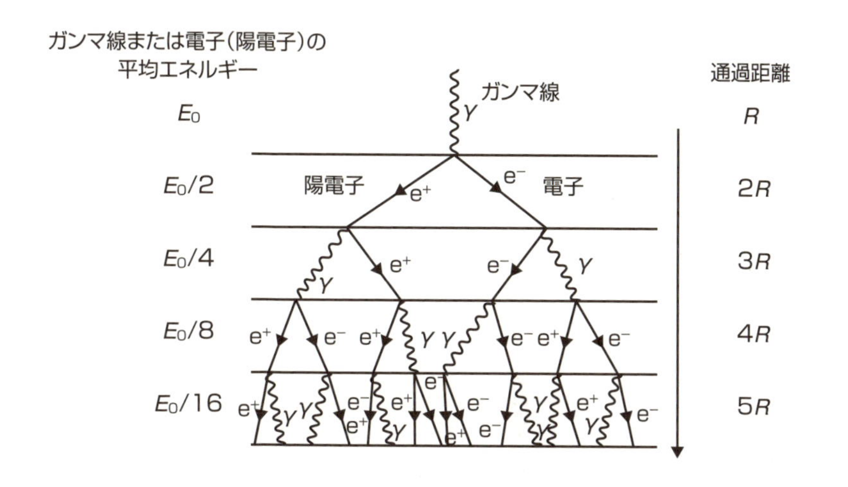

40 パイ中間子とミュー粒子の違いは?

π中間子、K中間子からμ粒子へ

原子核の中の陽子と中性子とが結合するためには何らかの力が必要です。電子の200倍の質量を持つ力の媒介する粒子として中間子の存在を理論的に予測したのは湯川秀樹博士であり、1935年の25歳の時でした。

翌年、アンダーソンとネッダーマイヤーが100メガ電子ボルトの電子の200倍の質量を持つミュー粒子が発見され、理化学研究所の仁科グループもこの新粒子を発見していました。これが湯川理論の中間子と考えられ、ミュー中間子と呼ばれた時期もありました。しかし、ミュー粒子は核力を媒介せず、電子と同じレプトン(軽粒子)であることが判明して、この呼び名は使われなくなり、現在はミュー粒子(ミュオン)と呼ばれています。

一方、湯川理論の予測する中間子に関しては、1947年にイギリスのセシル・パウエルが宇宙線の中からパイ中間子(パイメソン、パイオンとも呼ばれる)を発見し、湯川理論の正しさが証明され、1949年に湯川秀樹博士に日本人初めてのノーベル賞が贈られることとなりました。

実際には、核力としての強い力を媒介する粒子は中間子ではなくグルオンであり、陽子や中性子は各々3つのクォークで、中間子は2つのクォークできていて、クォーク間の力もグルオンが媒介していることが、後年判明することとなります。

以上の意味で、歴史的には、ミュー粒子とパイ中間子とは湯川理論とも深い関連の粒子ですが、ミュー粒子は素粒子としてのレプトン(軽粒子)であり、パイ中間子は複合粒子としてのメソン(中間子)であり、基本的に異なるグループの粒子なのです。

荷電パイ中間子(正電荷)は2次宇宙線として生成され、質量がほぼ同じミュー粒子と質量ゼロのニュートリノに崩壊するのです。

要点BOX
- ●ミュオンもパイオンも質量は電子の約200倍
- ●ミュオンは電子と同じレプトン(軽粒子)、パイオンはクォーク2個でできているメソン(中間子)

パイ中間子とミュー粒子の比較

1935年　湯川秀樹博士が中間子を予言

1936年　アンダーソンとネッダーマイヤーがミュー粒子を発見
仁科芳雄グループもミュー粒子を発見
(当時はミュー粒子は中間子と考えられていた)

1947年　イギリスのパウエルがパイ中間子を発見

1949年　湯川秀樹博士に日本人初めてのノーベル賞

パイ中間子(パイオン)
質量　140　MeV/c^2
複合粒子(アップクォークと反ダウンクォーク)
電荷　+1または0
スピン　0

(応用)
がん治療

ミュー粒子(ミュオン)
質量　106　MeV/c^2
素粒子(レプトン)
電荷　-1
スピン　1/2

(応用)
ミュー粒子触媒核融合
ミュオグラフィ
(火山、原子炉などの断面画像)

パイ中間子の崩壊とミュー粒子の生成

荷電パイ中間子　→　反ミュー粒子 + ミューニュートリノ

$\pi^+ \rightarrow \mu^+ + \nu_\mu$

反荷電パイ中間子　→　ミュー粒子 + 反ミューニュートリノ

$\pi^- \rightarrow \mu^- + \bar{\nu}_\mu$

中性パイ中間子　→　2光子

$\pi^0 \rightarrow 2\gamma$

41 地球磁場が宇宙線を弾く？

カットオフ・リジディティ

地球には地磁気があるので、宇宙線荷電粒子はそのエネルギーと入射方向によって地球大気に入射できるか、あるいは、跳ね返されて宇宙空間に押し返されるかが決まります。

宇宙線荷電粒子は磁場で曲げられるので、エネルギーの低い粒子は回転半径が小さくて、磁場に沿って地球の高緯度側に侵入します。エネルギーの低い荷電粒子は赤道近傍の上空には侵入できませんが、エネルギーが高くなると、回転半径が大きくなり、侵入方向によっては赤道地表面に到達します（左頁上図）。

地表面に対して垂直入射の場合に入射可能な最低の運動量（質量と速度との積）あるいはエネルギー（質量と速度の2乗との積の半分）が定まるので、この値を用いて「垂直カットオフ・リジディティ：Rc」を定義できます。これは地球磁場が宇宙線粒子を弾く力を意味し、一次宇宙線の陽子が大気中でカスケード反応を起こして二次宇宙線を生成し、地表に影響を及ぼすのに必要な最小エネルギーに相当します。

リジディティRcは磁場の強さと磁場中の荷電粒子の回転半径との積で表され、粒子の運動量を電荷で割ったもので定義されます。単位には一般にGV（ギガボルト、十億ボルト）が使われていますが、磁場による放射線の遮断の硬さを意味しています。地磁気は年代とともに変化しますが、現在のRcのグローバルな分布画像とRcに対応した高所での実効線量を評価できます（左頁の下図）。

地球は極めて大きな磁石と考えることができ、その磁場構造から、Rc値は極地方ほど小さく（低いエネルギーの宇宙線も侵入して宇宙線強度が強く）、赤道付近ほどRc値は大きく（低エネルギーの宇宙線は弾きだされて宇宙線強度が弱く）なり、高エネルギーの宇宙線しか入射できなくなります。

- 垂直カットオフ・リジディティRcは磁場の強さと磁場中の回転半径との積
- Rcの値はGoogle Earthで確認できる

宇宙線粒子の地球への侵入

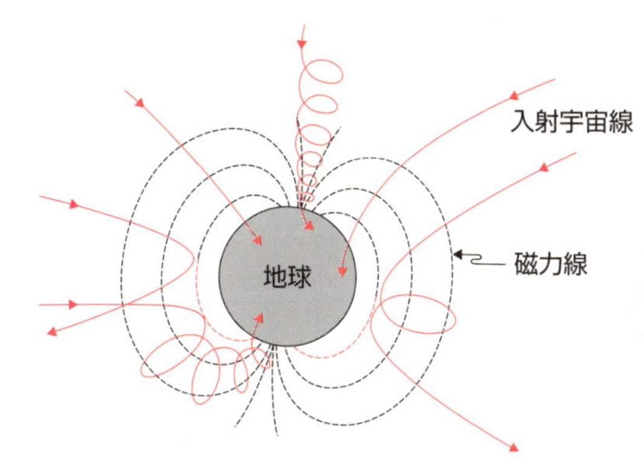

高エネルギーの宇宙線粒子は
磁場による回転半径が大きく、
低エネルギーでは回転半径が小さい。

赤道近傍ではエネルギーの高い
宇宙線のみが地表に到達でき、
低エネルギーでは地表に到達できない。

極近傍ではエネルギーの低い宇宙線も
地表に到達できる

垂直カットオフ・リジディティ：Rc

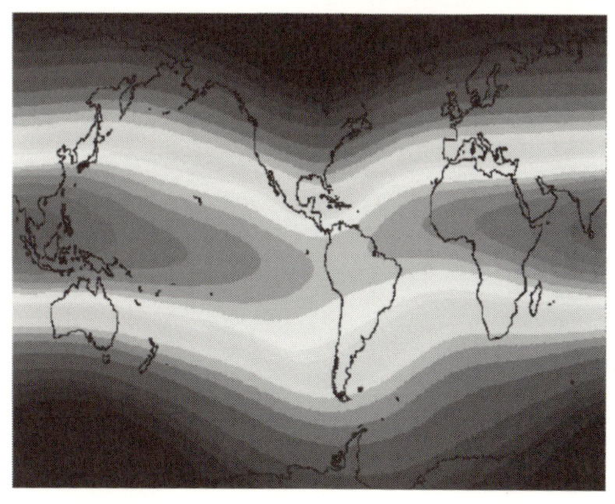

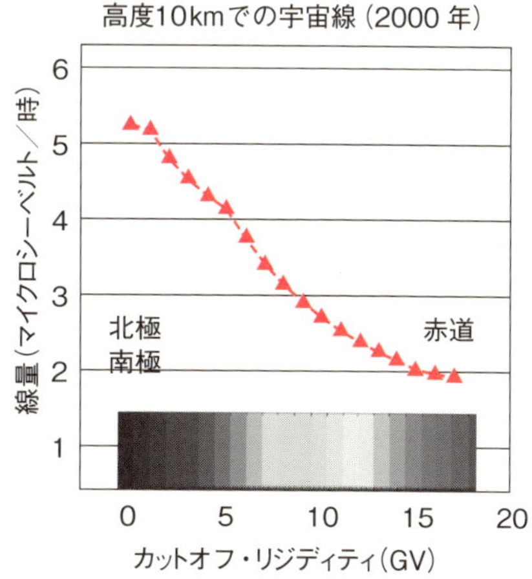

カットオフ・リジディティの定義（GV）
R_C（ボルト）＝ 磁場の強さ×回転半径
＝ 運動量／電荷

42 地上と宇宙での宇宙線観測

ＴＡ実験とγ線宇宙望遠鏡

大気中では1次放射線から2次放射線が生成されるので、地上での宇宙線の観測においては特別な工夫が必要です。宇宙空間に望遠鏡を打ち上げて、大気の影響に惑わされない観測を行うことも重要です。

10^{20}電子ボルトを超える宇宙線は宇宙磁場に影響されずに直進しますが、10キロメートル四方の場所でも陽子1個が年に1度しか飛来しないきわめて稀な現象です。この小さな陽子1個を観測するために地球の大気を検出器と考えて、空気カスケードの多数の粒子を利用することができます。10^{20}電子ボルトを超える最高エネルギー宇宙線の場合には地上付近で粒子数が最大となり、1個の陽子から１０００億個を超える粒子群が地上に降り注ぐことになります。

「テレスコープアレイ（ＴＡ）実験」は最高エネルギー宇宙線を大気蛍光望遠鏡で高精度に検出するための実験計画です（左頁上図）。米国ユタ州の広範囲（およそ７００㎢）に６００台ほどのシンチレーター検出器を設置して、その周囲3箇所に紫外線としての大気蛍光を検出するための反射望遠鏡を設置しています。反射望遠鏡は1箇所につき12台ずつ扇状に設置しています。この実験により空気シャワー現象の高精度の解明もめざしています。ガンマ線は宇宙磁場に影響されず直進するので、宇宙線の生成時に放出されるガンマ線を観測することで最高エネルギー宇宙線の起源を探ることができます。

「フェルミ・ガンマ線宇宙望遠鏡」は、大面積望遠鏡（ＬＡＴ）とガンマ線バーストモニター（ＧＢＭ）というガンマ線観測装置を搭載しています。ＬＡＴは高エネルギーガンマ線の検出・撮像装置であり、全天の約20％の視野を持ち、掃天観測を行うことが目的です。活動銀河、超新星残骸、パルサーのような高エネルギーガンマ線天体に加え、暗黒物質、宇宙線、星間物質も研究対象です。一方、ＧＢＭはガンマ線バーストなどの突発天体の観測を行います。

要点BOX

- 地上のＴＡ実験では2次宇宙線の蛍光を観測し最高エネルギー宇宙線を探求
- 宇宙でのフェルミ・ガンマ線望遠鏡

テレスコープアレイ実験の概念図

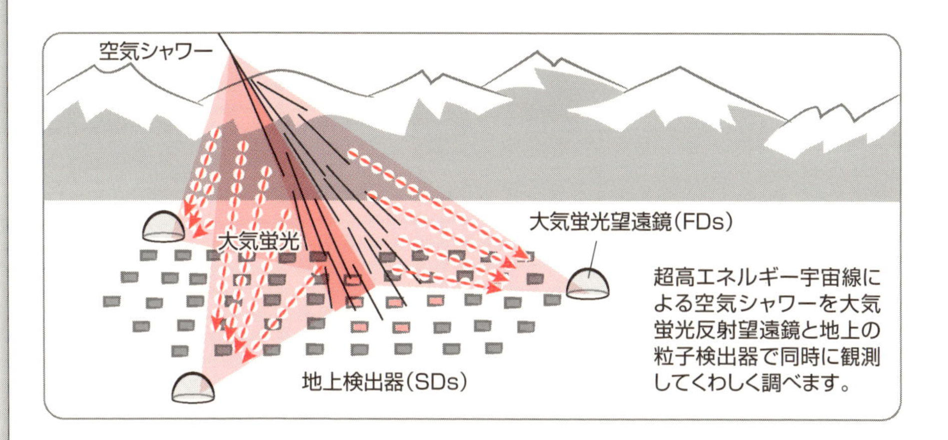

超高エネルギー宇宙線による空気シャワーを大気蛍光反射望遠鏡と地上の粒子検出器で同時に観測してくわしく調べます。

フェルミガンマ線宇宙望遠鏡

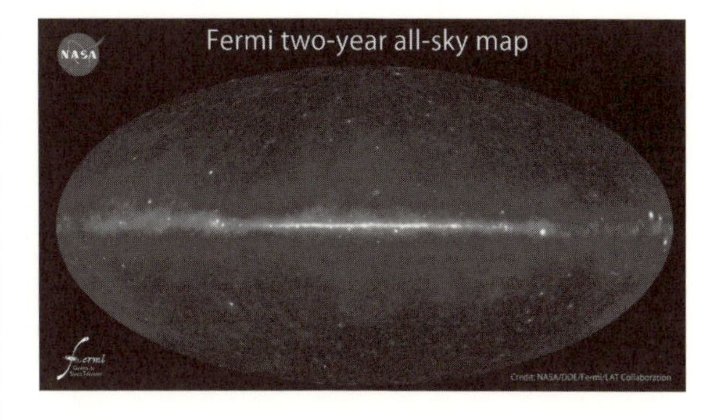

ガンマ線宇宙望遠鏡の2年分のデータを用いての全天地図です。

水平の明るい部分は天の川銀河(銀河系)の銀河面に相当します。

全天にまばらに見える明るい点は,銀河系外からのガンマ線源(活動銀河核など)を示しています。

(提供：NASA)

Column

2030年に人類は火星に旅行できる?
SF映画「オデッセイ」

人類が月に足を踏み入れたのは1969年ですが、米航空宇宙局(NASA)では、あれから60年ほどの2030年なかばには火星に人を送りたいとしています。

映画「オデッセイ」では、火星にひとり取り残された宇宙飛行士のサバイバルを緻密な科学描写とともに描かれています。

火星での有人探査アレス3号は、嵐に巻き込まれてしまいます。クルーのひとりである植物学者マーク・ワトニーは暴風に吹き飛ばされ、死亡したと判断され、仲間は地球に帰還します。しかし、奇跡的に死を免れて火星にとり残されたワトニーは、酸素は少なく、水も通信手段もなく、食料は31日分という絶望的環境で、4年後に次の探査船が火星にやってくるまで科学を武器にして生き延びようと模索します。

火星の重力は地球の40%であり、平均気温は摂氏−43度(−130度〜0度)、気圧は750パスカル(地球の0・75%)、95%以上が二酸化炭素という過酷な環境です。

映画では、排泄物によるジャガイモの栽培、水素燃焼での水の生成、放射性同位体による暖房、などを試みます。参考までに、ISSでは水再生システムにより尿から飲料水が作れますし、水の電気分解や緊急時の固体の過塩素酸カリウムの加熱分解により酸素を得ることができます。

NASA計画と異なり、オランダのNPO法人が、2025年に火星移住を実現させるプロジェクト「マーズ・ワン」をスタートさせています。驚くべきことに、火星にたどり着いたあとは地球に戻ってこられない〝片道切符〟の計画です。にもかかわらず、20万人の一般応募者が集まったとのことです。4名を2年ごとに6組、合計24名を火星に送ろうとしています。宇宙放射線の問題や定住の課題など、解決すべき課題が山積しています。

火星に取り残された宇宙飛行士

「オデッセイ」
原題: The Martian(火星人)
原作:アンディ・ウィアー
製作:2016年　アメリカ
監督:リドリー・スコット
出演:マッド・デイモン/ジェシカ・チャステイン
配給:20世紀フォックス映画

第7章

宇宙線が地球に与える影響

43 自然放射線と宇宙線被曝

私たちの周りには放射線が満ち溢れています。放射線には自然放射線と人工放射線があります。放射線の強さの単位はフランスの科学者の名前を用いて、「シーベルト（Sv）」「ミリシーベルト（mSv）」「マイクロシーベルト（μSv）」が使われています（次節参照）。

自然放射線は世界平均では一人当たりの年間線量は2・4ミリシーベルトです、外部被曝線量として、宇宙から0・39ミリシーベルト（16%）と大地表面から0・48ミリシーベルト（20%）であり、内部被曝線量として、空気中の放射性物質の吸入により1・26Sv（52%）と食物から0・29ミリシーベルト（12%）があります。体の中には放射線源としてカリウム40や炭素14が多く含まれています。日本での一人当たりの年間線量は、世界平均よりも少し低く2・1ミリシーベルトですが、欧米諸国に比べて日本は魚介類の摂取が多いので、内訳として食物からは0・99ミリシーベルト（47%）です。

人工放射線としては、医療による放射線被曝があります。1回の胸部X線CTでは6・9ミリシーベルトであり、胃の集団検診では3・0ミリシーベルト、胸のX線の集団検診では0・06ミリシーベルトです。

一般公衆に対する線量限度は、医療用の放射線を除いて、1年間で1・0ミリシーベルトとされています。発電所などでの作業者に対しては1年間で50ミリシーベルト、5年間で100ミリシーベルトが制限値です。

以上は主に人工放射線の被ばく量の制限から法的に定められたものです。飛行機の乗務員や宇宙飛行士に対しては、別途基準が適用されています。地上10キロメートル近傍を飛ぶジェット機乗務に伴う宇宙線被ばくは、大気中に作られる2次宇宙線によるものです。一方、宇宙飛行士の主な被曝は1次宇宙線によるものです。

要点BOX

- 自然放射線の世界平均の一人当たりの年間線量は2.4ミリシーベルト
- 宇宙線からの寄与は0.39ミリシーベルト

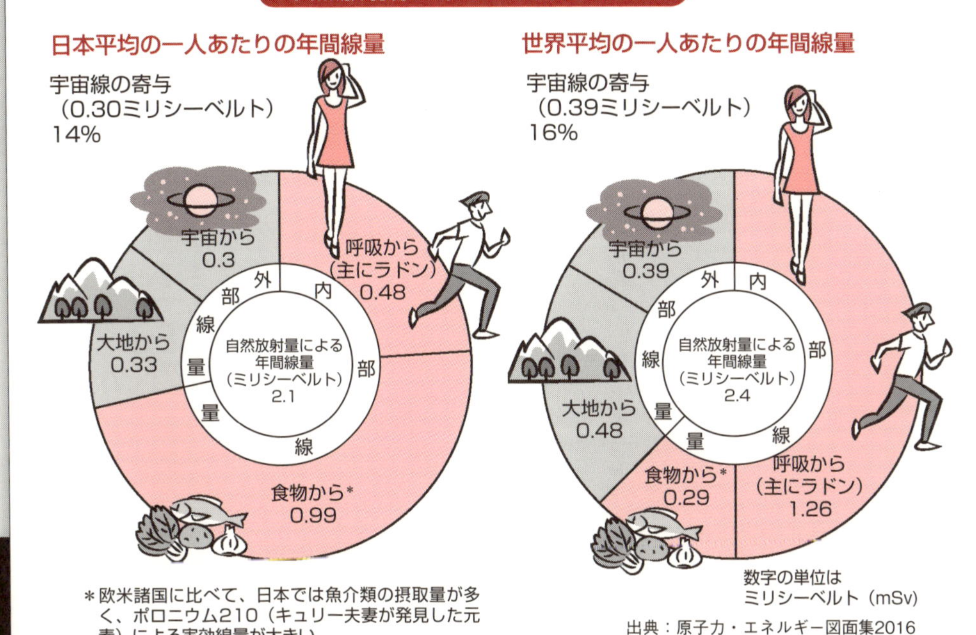

＊欧米諸国に比べて、日本では魚介類の摂取量が多く、ポロニウム210（キュリー夫妻が発見した元素）による実効線量が大きい

出典：原子力・エネルギー図面集2016

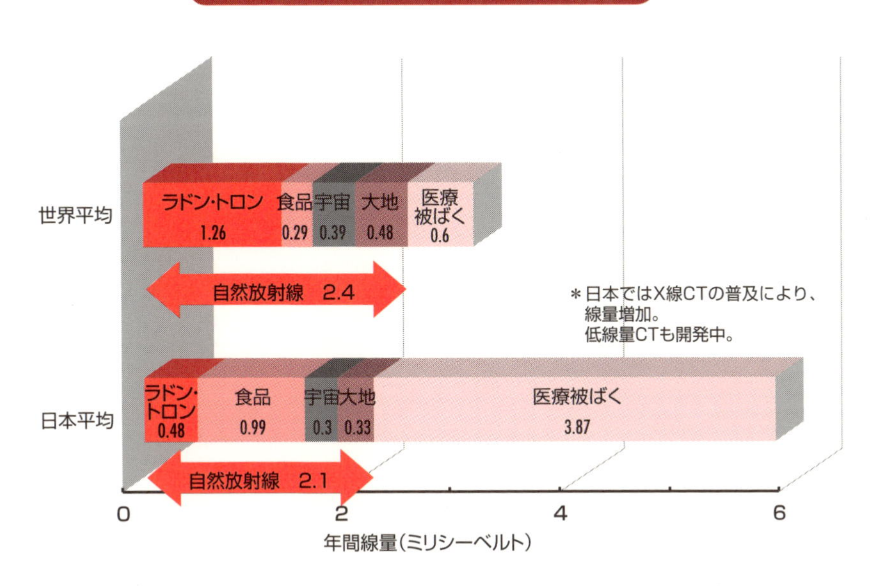

44 宇宙線の等価線量とは？

吸収線量（Gy）と等価線量（Sv）

放射線による生物への影響はどのようなっているでしょうか？　エネルギーの低い荷電粒子線とエネルギーの高い宇宙線とでは、影響はどのように異なるのでしょうか？

放射線による人体への影響は、放射線のエネルギーが生物体内に吸収されることによって引き起こされます。放射線が1キログラムの物体に吸収されるエネルギーが1ジュールの時、「吸収線量」を1グレイ（Gy）と定義されます。実際には、放射線の種類やエネルギーのちがいにより人体へ影響が異なるので、補正（放射線加重係数）を掛けて「等価線量」を定義します。これがシーベルト（Sv）です。

国際放射線防護委員会（ICRP）勧告は2007年に改訂され、飛行機乗務員や宇宙飛行士のための高エネルギー放射線影響をも含めて、ミュー粒子（加重係数1）や荷電パイ中間子（加重係数2）が追加されています。また、「荷重」から「加重」と漢字の修正も行われています。

宇宙線の主成分である陽子放射線ではかつては加重係数が5でしたが2となり、低速および高速の中性子が5から2・5に変更されています。最も影響のある中程度のエネルギー範囲の中性子では、10、20の棒グラフから、滑らかな直線近似関数での修正もなされています（左図参照）。

宇宙線は高エネルギーであり、私たちの体を多数貫通しています。地上では年間0・39ミリシーベルトであり、大地や空気呼吸、食物からの放射線に比べて影響は微量です。宇宙線は地球大気と地磁気のおかげで減少するからです。

宇宙旅行の場合には、強い放射線の影響の他に、乗り物酔いとしての「宇宙酔い」や無重力空間での血液などの上昇による顔のむくみ「ムーンフェイス」、運動不足による筋肉量の低下などが危惧されていますので、総合的な健康管理が重要です。

要点BOX

- 1kgに1Jの吸収線量は1グレイ（Gy）
- 吸収線量の放射線加重係数をかけての等価線量はシーベルト（Sv）

放射線の単位：グレイとシーベルト

放射線

物体

吸収線量（グレイ）
1Gy ＝1J/kg

等価線量（シーベルト）
1Sv　＝1Gy×放射線加重係数

実効線量（シーベルト）
1Sv　＝Σ(1Gy×放射線加重係数
×組織加重係数)

宇宙線を含めた放射線の加重係数

ICRP2007年勧告値

放射線のタイプ	放射線加重係数
光子	1
電子とミュー粒子	1
陽子と荷電パイ中間子	2
アルファ粒子、核分裂片、重イオン	20
中性子	中性子エネルギーの連続関数（下図参照）

エネルギーの関数としての中性子の放射線加重係数

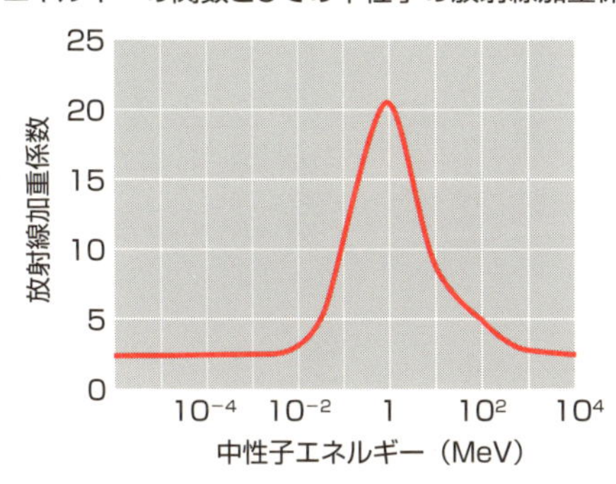

45 ジェット旅客機での宇宙線は？

高度効果と緯度効果

日本平均の地上での放射線被ばく2・1ミリシーベルトであり、その14％の0・3ミリシーベルトが宇宙線によるものです。これは1時間あたりおよそ0・03マイクロシーベルトであり、大地の影響のない海面上の線量に相当します。場所によっては、ブラジルのガラパリのように、世界平均の4倍以上の年間10ミリシーベルトの地域もあります。

宇宙線強度に関しては、地表からの高度に伴って強度が増す「高度効果」と、緯度が高く極に近くなるほど強度が増す「緯度効果」があります。

高度が1・5キロメートル上がると線量は2倍になりますが、3776メートルの富士山頂では地上の約4倍の宇宙線強度があり、民間のジェット旅客機の飛ぶ10〜12キロメートルの高度では百倍以上の5マイクロシーベルトの線量です。超音速旅客機では高度17〜20キロメートルであり、地上の4百倍にもなります（左頁上図）。

宇宙線の成分は陽子が90％近くですが、地表ではミュー粒子がほとんどです。高山では主に中性子と電子から成り立っています。宇宙線の強度の変動は、通常は中性子モニターで観測されています。

宇宙線は、宇宙空間での1次宇宙線と大気圏内の2次宇宙線がありますが、航空機乗務に伴う宇宙線被ばくは、主に2次宇宙線によるものです。

ジェット旅客機での往復では東京からニューヨークまでは0・2ミリシーベルトの被ばく量となります。ジェット旅客機での宇宙線量（航路線量）は、WEBで公開されているJISCARD（航路線量計算システム）で計算することができます。高度12キロメートルを飛行するとして、「緯度効果」により、磁気緯度（地理座標と異なり地磁気座標での緯度）の高い成田—サンフランシスコ線では、磁気緯度の低い成田—シドニー線に比べて飛行による放射線量は3倍程度になることがわかります（左頁下図）。

要点BOX
- ●宇宙線強度は高度と緯度で増加
- ●ジェット旅客機の高度では地上の百倍以上の放射線強度

宇宙線成分の高度分布

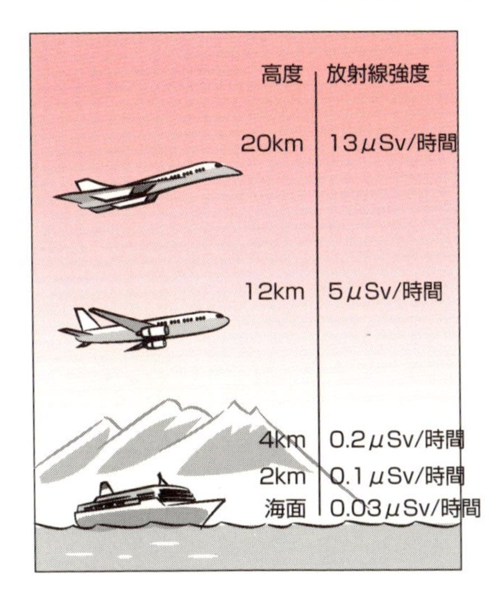

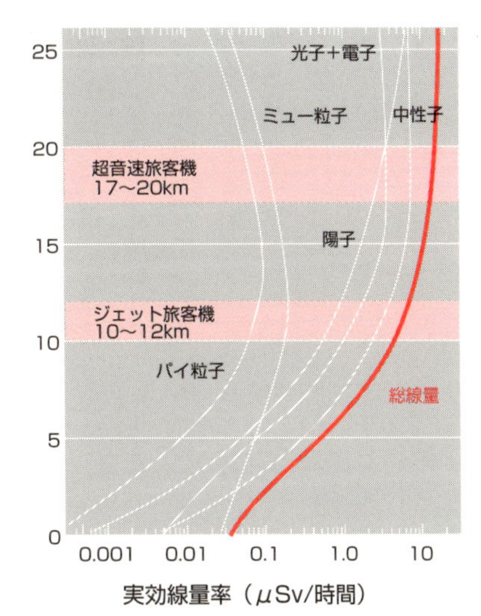

μSv：マイクロシーベルト
1マイクロシーベルト=0.001ミリシーベルト

宇宙線の緯度効果

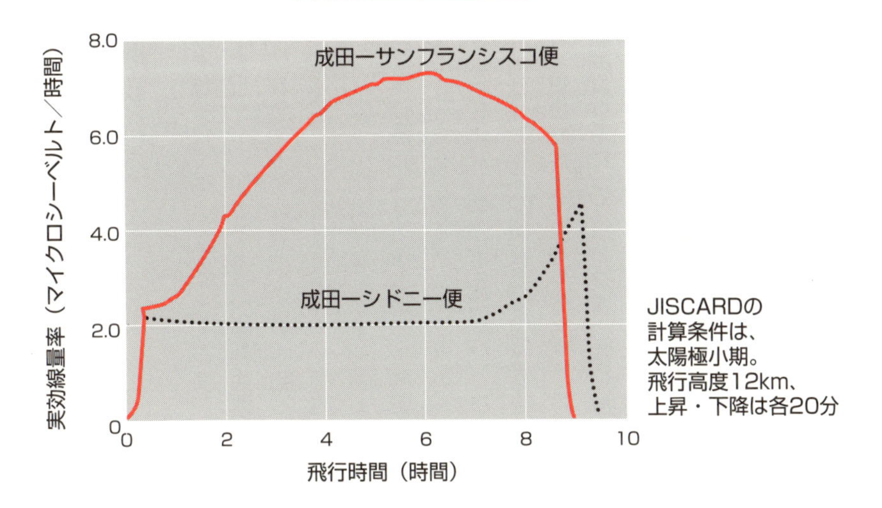

- ●成田ーサンフランシスコ便では、測地線航路により、途中で磁気緯度が最大となり、線量率は7マイクロシーベルト／時間。
- ●成田ーシドニー便では、成田（地理北緯36度）は地磁気北緯27度で、シドニー（地理南緯34度）は地磁気南緯40度なので、シドニー上空で最大4マイクロシーベルト／時間。

46 国際宇宙ステーション(ISS)での宇宙線は？

高度400km の上空

宇宙ステーションは、宇宙空間に長期滞在して様々な観測・実験を行うための施設です。世界最初の宇宙ステーションは旧ソ連のサリュート（1971年〜1985年）であり、米国ではスカイラブ（1973年〜1979年）が運航されました。旧ソ連の後継機ミール（1986年〜2001年）を経て、1998年より国際協力としての国際宇宙ステーション（ISS、International Space Station）が稼働しました。現在は、中国の宇宙ステーション天宮（2011年〜）も運転されています。

ISS計画は米国、ロシア、日本、カナダ、欧州宇宙機関などの国際協力で運営されており、1998年から2024年までの予定です。ISSは地上からおよそ400キロメートルの上空の熱圏を秒速約7・7キロメートルで飛行しており、地球を約90分で1周、1日でおよそ16周しています。ISSでは、超高真空、微小重力、強宇宙放射線が課題です。

ISSでの放射線被ばくは、宇宙ステーション内では毎時24マイクロシーベルトであり、船外活動では3倍近くの毎時67マイクロシーベルトです。したがって、6か月間滞在した場合には、平均的に100〜200ミリシーベルトになります。

一般公衆に対する線量限度は、医療用の放射線を除いて、1年間で1・0ミリシーベルトとされており、放射線作業従事者に対しては1年間で50ミリシーベルトです。ISSで半年間滞在の宇宙飛行士ではその数倍近くになります。

ISSの運航高度は、バン・アレン帯の強い放射線の影響を避けて設定されています。高度は内帯の下限（高度およそ千キロメートル）よりも低く、400キロメートルです。一方、気象衛星ひまわりなどの静止衛星（高度3万6千キロメートル）も、外帯の上限（高度2万5千キロメートル）よりも高く、バン・アレン帯の影響はありません（左頁下図）。

●ISS軌道はバン・アレン帯の内側、静止衛星軌道はその外側で、いずれも影響なし
●ISSでの半年間滞在で100〜200ミリシーベルト

宇宙と地上の放射線量率

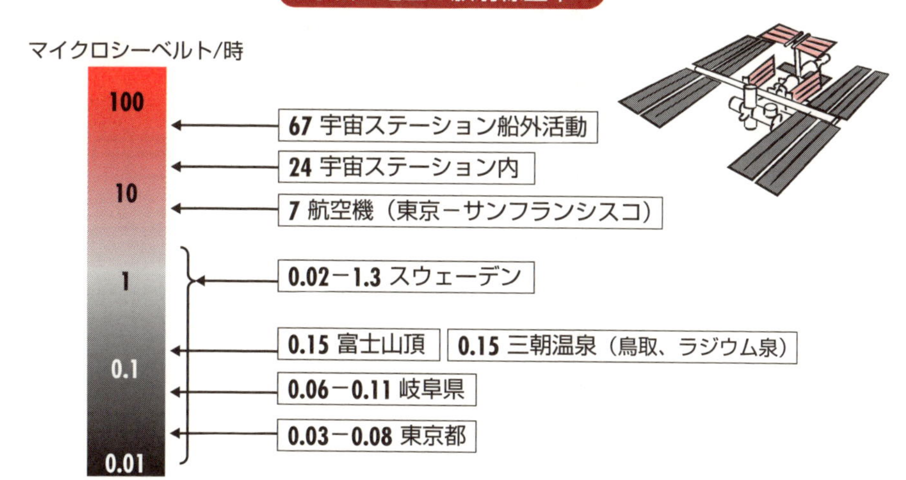

ISSと静止衛星の軌道

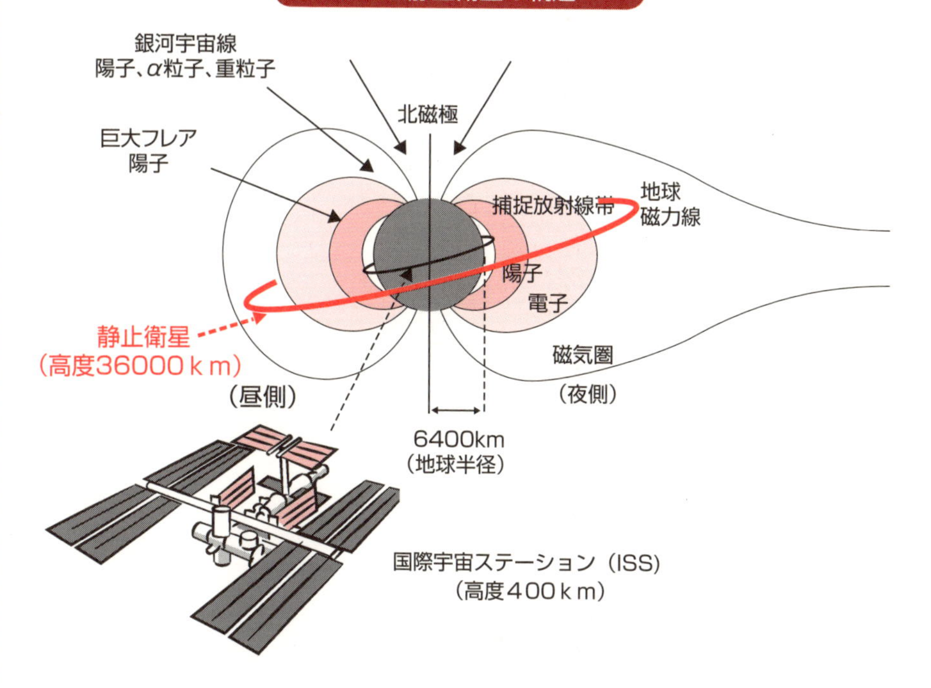

47 火星旅行での宇宙線は？

ホーマン軌道と準ホーマン軌道

NASAは2030年代に人類を火星に送り込む事を計画中です。民間企業スペースX社もさまざまな計画を企画しています。

有人宇宙ロケットが宇宙に飛び出すには、捕捉放射線帯を短時間に飛び越える必要があります。アポロ計画などでは左頁上図のように、捕捉放射線帯の粒子密度の高い部分を避けた軌道を飛行しています。

火星に航行する場合には、近日点を地球軌道、遠日点を火星軌道とする楕円軌道が、地球からの脱出速度を最も小さくすることができ、最も燃料消費を減らせることができます。このエネルギー最小の軌道は「ホーマン軌道」と呼ばれており、1925年にドイツのヴァルター・ホーマンにより提唱された軌道です。

ホーマン軌道を航行すればおよそ260日で火星に到着できます。現在の火星探査機もほぼその軌道に近いコースを飛んでいます。当然多くの荷物や人を運べます。しかし最も時間がかかり、地球と火星の位置関係が良い条件でないと出発できないのでチャンスは2年2ヶ月に1回しかありません。最短での旅行では、火星に450日間滞在して、1000日近くの日程になります。速度を上げ、打上げ方向を少しだけ変えることにより、遠日点に達する前に、火星に到着し、飛行日数を減らすことができます。これを「準ホーマン軌道」といいます。

火星探査機での道のりでは1日に平均1・84ミリシーベルトの銀河宇宙線が計測されています。「ホーマン軌道」では往復でおよそ1年半かかり、線量は約1シーベルトに達します。これは4～5日ごとに胸部X線CTスキャン検査（1回でおよそ7ミリシーベルト）を受けるのに等しく、NASAの宇宙飛行士がキャリアを通じて認められている許容限度ギリギリか、場合によっては超えてしまうことになります。

●エネルギー最小のホーマン軌道では往復だけで1年間半で線量は約1シーベルト
●準ホーマン軌道での期間短縮が線量削減に有効

宇宙旅行時の放射線対策

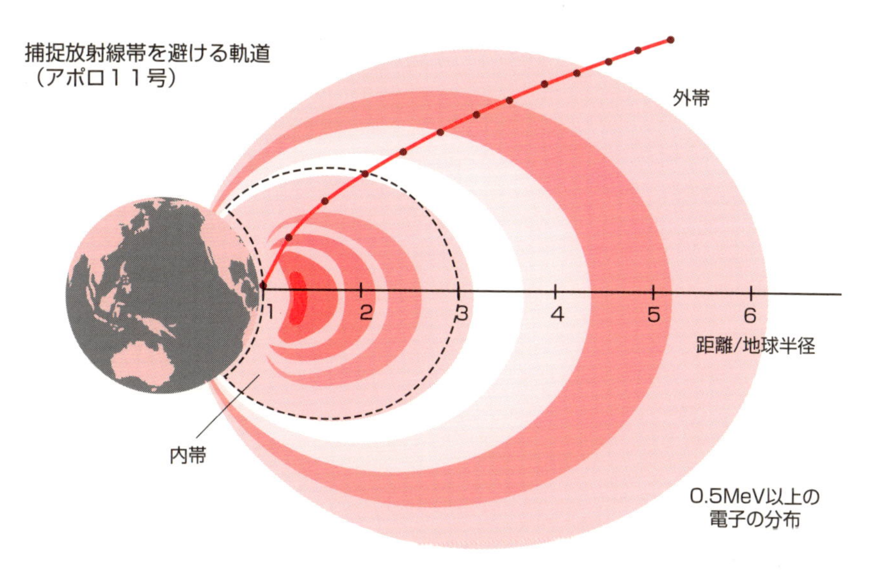

ホーマン軌道と準ホーマン軌道

放射対策として、軽量・高速宇宙船の開発・利用
準ホーマン軌道利用

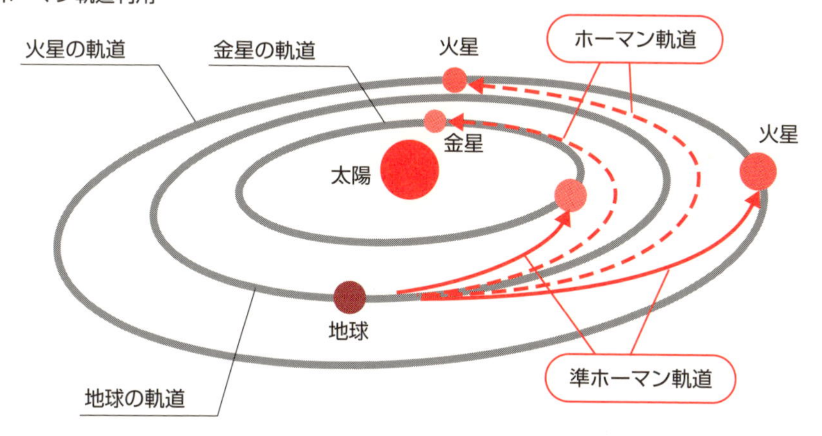

ホーマン軌道では、火星は259日、金星は150日

48 火星滞在とテラフォーミングとは？

惑星の地球化計画

人類にとって地球は地磁気と大気に守られたゆりかごです。火星や金星にも人類が住めるようにするためには壮大な惑星地球化計画が必要です。地球（テラ）、作る（フォーミング）の意味の「テラフォーミング」計画です。米国ＮＡＳＡの計画としては、２０３０年代に人類を火星に到達させ、それから１００年間近くで地球化をめざしています。惑星の環境改造での課題は、第一に大気、水、そして宇宙線対策です。火星の極冠や地下にはドライアイスや氷があるので、太陽の光を集めてドライアイスを溶かし二酸化炭素に変え、温室効果により気温を上昇させる案があります。火星の温暖化と海の水の維持できるようになれば、藻類により火星の大気にも酸素をもたらすことができ、しばらくしてオゾン層ができる可能性があります。

火星での宇宙線の強度については、ＮＡＳＡの火星探査機ローバー「キュリオシティ」に搭載された放射線評価検出器による結果があり、空間線量は１日平均０・67ミリシーベルトです。これは毎時28マイクロシーベルトで、年間では２４５ミリシーベルトとなります。場所により変化しますが、一年間でおよそ70～３００ミリシーベルトと考えられています。これは、大気や固有磁気もほとんどない月と似ていますが、太陽から遠いので、放射線強度は月より少なめです。地球上では年間２・４ミリシーベルトなので、火星の放射線は地上の30～１２５倍に相当します。ただし、地上での宇宙線の寄与は０・39ミリシーベルトなので、宇宙線だけの線量比較では地上の２００～８００倍になります。

火星に定住する場合の宇宙線対策として、太陽フレアなどの影響を減らすための遮蔽室の完備や、居住空間の地下化やマリネリス峡谷などの地形の利用、そして、テラフォーミングによる大気圧の増加も重要です。

要点BOX
●テラフォーミングは惑星の地球化
●火星での宇宙線強度は1日平均0.67ミリシーベルト

宇宙滞在時の宇宙線被ばく

単位：mSv(ミリシーベルト)

地球周辺の軌道(スペースシャトルが飛ぶ高さ300キロ)	45〜360mSv/年
月	100〜500mSv/年
火星	70〜300mSv/年

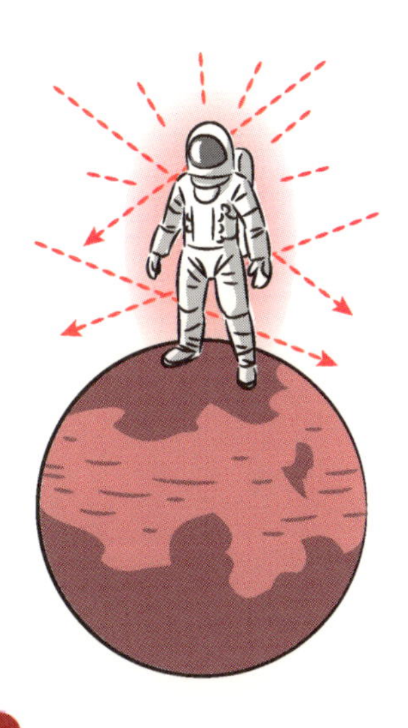

参考
地球上(世界平均)　2.4mSv/年
　　(宇宙線のみ)　0.39mSv/年

火星滞在時の放射線対策

宇宙線遮蔽室の完備
居住施設の地下化
火星マリネリス峡谷(深さ7km)での居住
火星テラフォーミングによる大気圧増加
屋外滞在時間の短縮化
太陽フレア時の避難(数時間から数日間)

いずれ近い将来、何らかの形で人類が火星に定着することは歴史の必然であると思われます。火星は人類の第二のふるさとになる可能性を秘めています。

火星の写真
中央の水平から斜め右下に伸びる黒い線が
マリネリス峡谷

写真出典：NASA

49 地球温暖化に宇宙線が影響する？

スベンスマルク効果

太陽磁場は宇宙線が直接地球に降り注がれる量を減らす効果があります。そのため、太陽活動が活発になると磁場を伴ったプラズマの流れ（太陽風）も増加し、銀河宇宙線の飛来を妨げるので、地球に降り注がれる宇宙線の量が減少します。太陽活動と宇宙線量との間に逆の相関があります。これは「フォーブッシュ減少」と呼ばれています（32参照）。

一方、銀河宇宙線の増加が地球の雲の形成を誘起するという仮説があります。デンマークのヘンリク・スベンスマルクらにより1997年に提唱された説であり、「スベンスマルク効果」と呼ばれています（左頁上図）。これはウィルソンの霧箱の原理（5参照）に相当し、宇宙線による飽和蒸気の電離と雲の生成の現象と同じです。

宇宙線としての陽子が大気中の炭素などの原子核と反応して、パイ中間子やミュー粒子（ミュオン）が生成され、これが電子を生成して、雲の凝結核を作り出します（左頁上図）。

スベンスマルク効果と地球温暖化との関連もこれまで議論されてきています。太陽活動が活発になる時期には宇宙線が減少し、地球の雲の量が減少して、アルベド（反射率）が減少した分だけ気候が暖かくなったとの理論です。

しかし、国際的な専門家が集う気候変動に関する政府間パネル（ICPP）の第5次評価報告書（2013年）では、その効果は不明確であるとして採用されていません。

最近の実験では、宇宙線による凝結核の生成は確認されていません。ウィルソンの霧箱の場合には数百%の過飽和状態ですが、現実の大気の過飽和は数%なので、凝結核の生成は難しいと思われます。仮に影響があったとしても、その影響量は最大でも観測されている気温上昇量の数パーセント程度だと考えられています

要点BOX
- ●銀河宇宙線の増加が地球の雲の形成を誘起することをスベンスマルクが提唱
- ●温暖化とスベンスマルク効果との相関は不確実

スベンスマルク効果

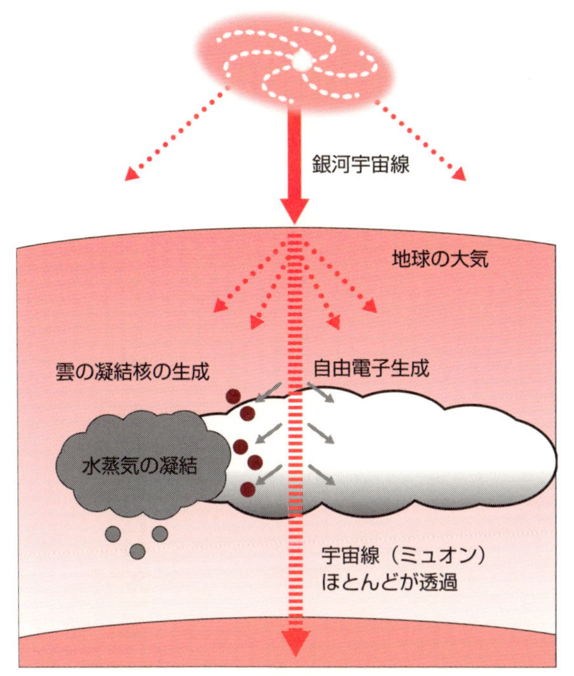

銀河宇宙線が大気中にイオンの種を作り、その種が核となって水滴や氷の粒が作られる。したがって、宇宙線が増えると雲の量が増加するとする説

宇宙線強度と雲量の変化

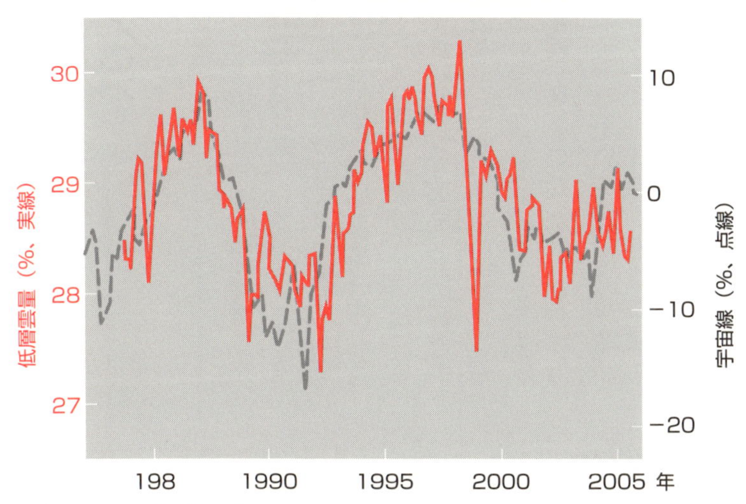

低層の雲量（実線）は衛星による観測、
宇宙線量（破線）は中性子モニターによる観測。

50 生物種の絶滅は宇宙線に関連する？

ガンマ線バースト（GRB）

　最初の生命は40億年前に原始の海で誕生し、およそ6億年前の先カンブリア紀の末に急激に生物種の数が増え、それ以降、生物種の増加と大量絶滅が何度も繰り返されてきました。5大大量絶滅の原因の一つとして、地球内部の変動があり、大陸移動と海底火山活発化に伴う海水中の酸素欠乏によるP／T境界の三葉虫の絶滅がありました。また、地球外部からの要因として。小惑星の地球への衝突によるK／T境界の恐竜絶滅がよく知られています。

　宇宙線の飛来が生物種の大量絶滅に関連したと考えられる事件もあります。4億4千万年前の古生代のオルドビス紀とシルル紀との境界（O／S境界）で、太陽系の近くでの超新星爆発による「ガンマ線バースト（GRB）」が発生し、15%近くの生物種を絶滅させたと考えられています。

　星の一生は超新星爆発で終わります。超新星爆発により球殻状の爆発により膨張した残骸が残ります。太陽の30倍以下の質量では中心に中性子星が形成されます。太陽の30倍以上の質量やさらに大質量の恒星が一生を終える時に極超新星（ハイパーノバ）となって爆発し、これによってブラックホールが形成され、ガンマ線バーストが起こるとされています（左頁下図）。そのバーストは非常に細いので、地球に降り注ぐ可能性は非常に低くなります。仮に銀河系内の地球の近い場所でガンマ線バーストが起こったとしても、地球にはわずか10秒間しかガンマ線は降り注がないと考えられ、地球大気のオゾン層の約半分がなくなる可能性が示されています。オゾン層の回復には少なくとも5年がかかり、その間に太陽からの紫外線が地球上の生命の大半を死滅させます。

　ガンマ線バーストは1つの銀河で数百万年に一度しか発生しないと考えられており、天の川銀河で起こり地球にガンマ線バーストが飛来した可能性は過去数十億年間に1回ほどあったと想像されています。

要点BOX

- O/S境界の大量絶滅はGRBによる可能性
- 極超新星爆発からの大質量ブラックホールからガンマ線バースト生成

生物種の大量絶滅

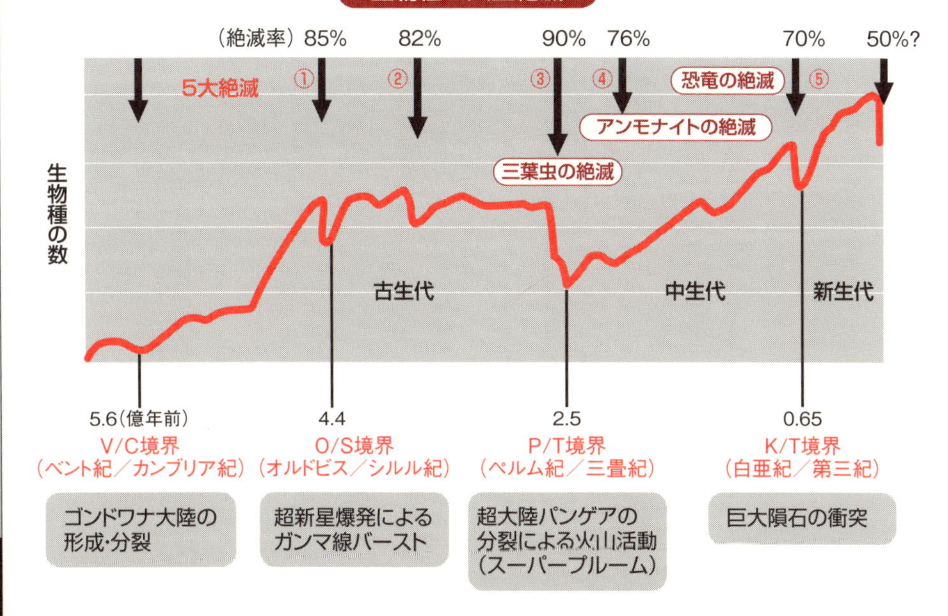

ガンマ線バーストの想像図

超新星残骸（SNR）

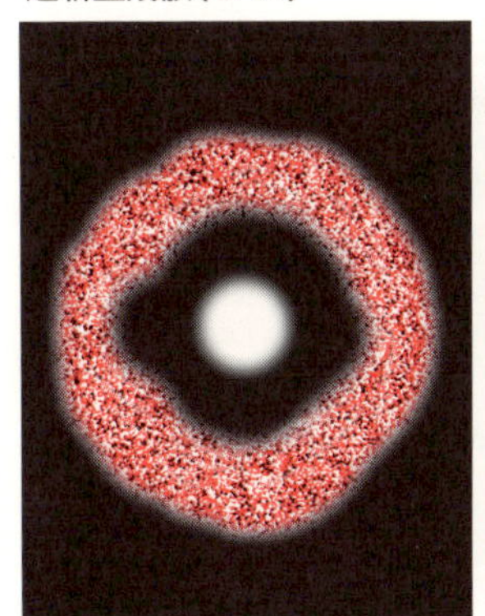

通常の超新星爆発と
球殻状残骸

中性子星とジェット

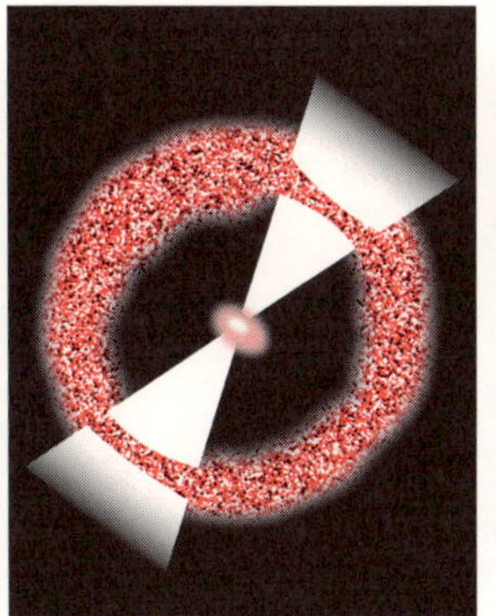

中心核（中性子星）の活動と
弱いジェットの生成
ガンマ線バーストの発生は
ない

ガンマ線バースト（GRB）

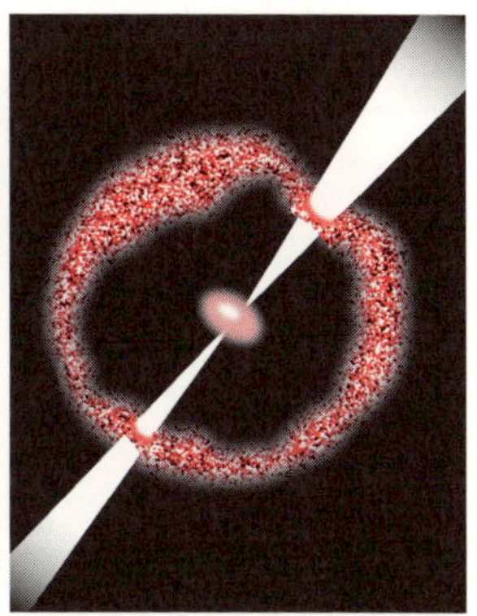

極超新星（ハイパーノバ）の中
心核（ブラックホール）の活動
とガンマ線バースト（GBR）の
生成

Column

恒星間航行はできる？
SF映画「アバター」

現在の地球文明から、惑星文明（数百年後）、恒星文明（数千年後）、そして、銀河文明（数万年後）へと進化していく未来社会（64節）は、想像を超えた架空社会でしかありません。しかし、私たち人類の数百年間、数千年間の歩みから考えると、想像が現実となる可能性も秘めています。

2009年末に封切られた映画「アバター」は美しい3D映像の先駆けとして話題を呼びました。主題は、西暦2154年の美しい星パンドラを舞台とした資源・エネルギー争奪のための地球人の侵略と、美しい自然環境の保護、そして、主人公ジェイクと知的生命体ナビィ族の娘との愛です。

私たちの地球の生命は太陽からのエネルギーで育まれてきましたが、生命の存在できる太陽系外惑星は本当にあるのでしょうか？

映画での設定は、太陽系外巨大ガス惑星ポリフェマスがあり、パンドラはその最大の衛星で、高濃度の二酸化炭素に包まれているとしています。超伝導性物質アンオブタニウムにより空中に浮いている「ハレルヤ・マウンテン」や、星の形成時に磁場と鉄鉱石で形作られた「ストーンアーチ」が想像力豊かに描かれています。

衛星ハレルヤは地球から5光年とされていますが、太陽系から最も近い恒星はケンタウルス座アルファ星（アルファ・ケンタウリ）で4・37光年です。しかし、残念ながら惑星は観測されていません。惑星を持っている太陽系外太陽（恒星）として最も近いのは10・5光年離れたエリダヌス座イプシロン星であり、この星の惑星がSF小説・映画等でしばしばとり上げられてきています。

宇宙資源を探して宇宙に飛び立つためには、光速に近い宇宙航行技術が必須ですし、宇宙での生活環境整備や、本書のテーマである宇宙線からの防御、宇宙の未知物質の解明も必要となります。

未知の太陽の下で人類が知的生命体に会える日がいつかは来ることを夢見たいと思います。

「アバター」
原題:Avatar
製作:2009年　アメリカ
監督:ジェームス・キャメロン
主演:サム・ワーシントン
配給:20世紀フォックス

宇宙線・素粒子の防御と利用

51 宇宙の環境は厳しい?

無重力、超高真空、強放射線

生物にとって宇宙は脅威に満ちています。「超高真空」「微小重力」「強放射線」と過酷な環境です。地表面からの高度100kmでは大気がほとんどなくなるので、この高度を「カーマン・ライン」と呼び、これより上空を便宜上「宇宙空間」と呼んでいます。ちなみに大気圏の定義は500kmまでです。

地上の1気圧は1013ヘクト・パスカル（ヘクトは100倍の意味）であり、およそ10万（10^5）パスカルです。一方、およそ400kmの高さの国際宇宙ステーション（ISS）の場所での気圧は、10万分の1（10^{-5}）パスカルです。したがってISSの船外では地上の大気圧のおよそ百億分の1です。宇宙服と酸素なしでは人は生きていけません。

地球の重力の強さを1Gとすると、月では0・17G、火星では0・38Gですが、太陽表面では28Gです。一方、高度400kmにおいておよそ毎秒8kmの速度で航行中のISSの中での重力は、地球上の重力の100万分の1から1万分の1の微小な値です。これを「微小重力」と呼びます。静止軌道上の物体では、遠心力と万有引力とのつり合いから、理想的には「無重力」状態となるはずですが、上層大気との摩擦による機体の減速があり、無重力ではなく微小重力となります。

地上の様々な動植物は太陽のエネルギーにより生命を維持・発展しています。一方、太陽からの紫外線や宇宙からの放射線は有害ですが、地上では大気と地磁気により守られてきました。世界平均の放射線量は地上で1年間に2・4mSvですが、ISSでは1日あたり0・44mSvであり、年間では160mSvに相当します。これは地上のおよそ百倍近くになります。大気の遮蔽効果は水に換算して10m、鉛では90cmの遮蔽能力なのです。さらに、大気がないので放熱が難しく高温になりやすいことも課題です。一方、視界が良好であることも有用な特長です。

要点BOX
- ●宇宙は生命にとって過酷な環境
- ●ISS船外の気圧は大気圧の百億分の1
- ●地上のおよそ百倍の宇宙線強度

宇宙空間の定義と環境

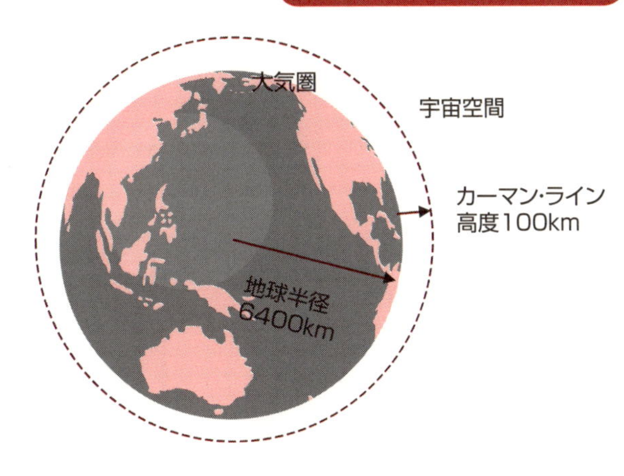

宇宙環境の特徴

- ●無重力・微小重力
- ●超高真空
- ●強放射線（太陽風変化大）
- ●熱絶縁
- ●視界良好

宇宙の気温・気圧と放射線強度

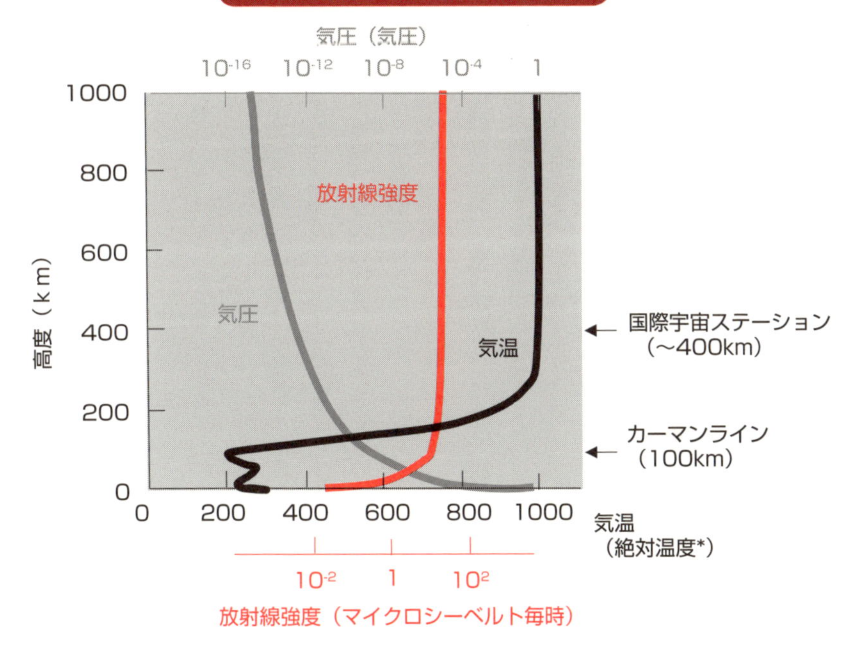

＊絶対温度（K）＝摂氏温度（℃）＋273

52 宇宙線による社会システムへの影響は？

太陽風と宇宙嵐

毎朝の天気予報は、サラリーマンや学生にとって傘を持って通勤・通学するかどうかの重要な情報源になります。宇宙でも、天気予報（宇宙天気予報）は大切です。宇宙は真空に近くて、環境の変化がないように思われますが、実際には希薄ですが高エネルギーの粒子としての宇宙線が飛びまわっています。太陽の活動の変化により、周りの宇宙空間はもとより、地球の磁気圏、大気圏に多大な影響が及ぼされてしまいます。

地上では気圧の変動による大気の風が起こります。宇宙では太陽からのプラズマや高エネルギー粒子の流れとしての「太陽風」があります。

地上では暴風雨のような「嵐」があるように、宇宙でも「宇宙嵐」が起こります。太陽面では爆発現象（太陽フレア）やそれに伴うコロナガス大規模噴出現象（ＣＭＥ）などが起き、これにより、電磁波嵐、高エネルギー粒子嵐、地磁気嵐や電離圏嵐などが起こります。これらを総称して「宇宙嵐」と呼びます。

「地磁気嵐」は通常は中緯度・低緯度において全世界的に地磁気が減少する現象のことです。特に高緯度地域では磁場の変化が大きくなり、地上の送電線などに誘導電流を作り、大停電を引き起こすことがあります。磁気嵐が発生すると人工衛星の電子精密機器の故障する場合があります。磁場の向きを感知して運動する生物（伝書鳩など）にも大きな影響を及ぼします。

「電離圏嵐」では、太陽フレアの影響で、太陽で発生するＸ線や紫外線が急増し、昼側の電離圏Ｄ層の電離が進み電子密度が増加して、通常Ｄ層を通過してＦ層で反射される短波帯の電波が吸収され、通信が困難になります。これが１９３５年にジョン・デリンジャーが発見したデリンジャー現象です。多くの場合、持続時間は数十分から数時間の影響です。

要点BOX
- フレアとCMEによる電磁波嵐、高エネルギー粒子嵐、地磁気嵐、電離圏嵐
- 宇宙嵐による通信機器と電送システムの故障

太陽風と宇宙嵐（太陽嵐）

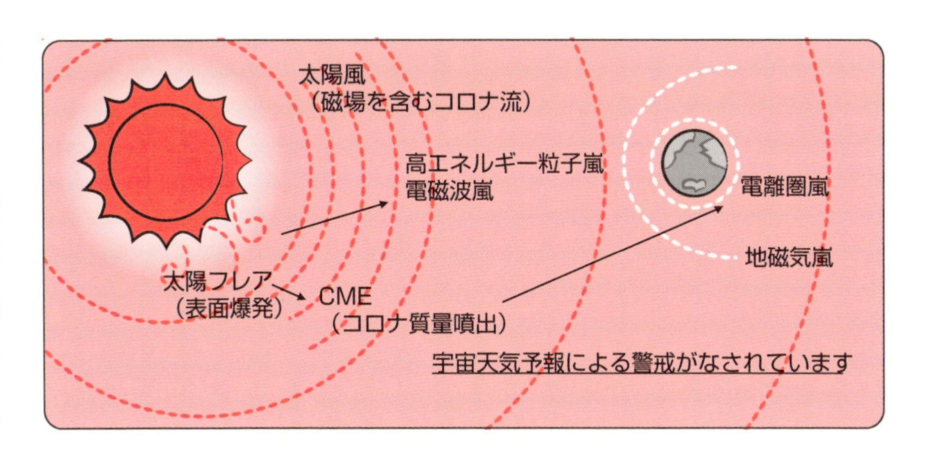

宇宙嵐の社会システムへの影響

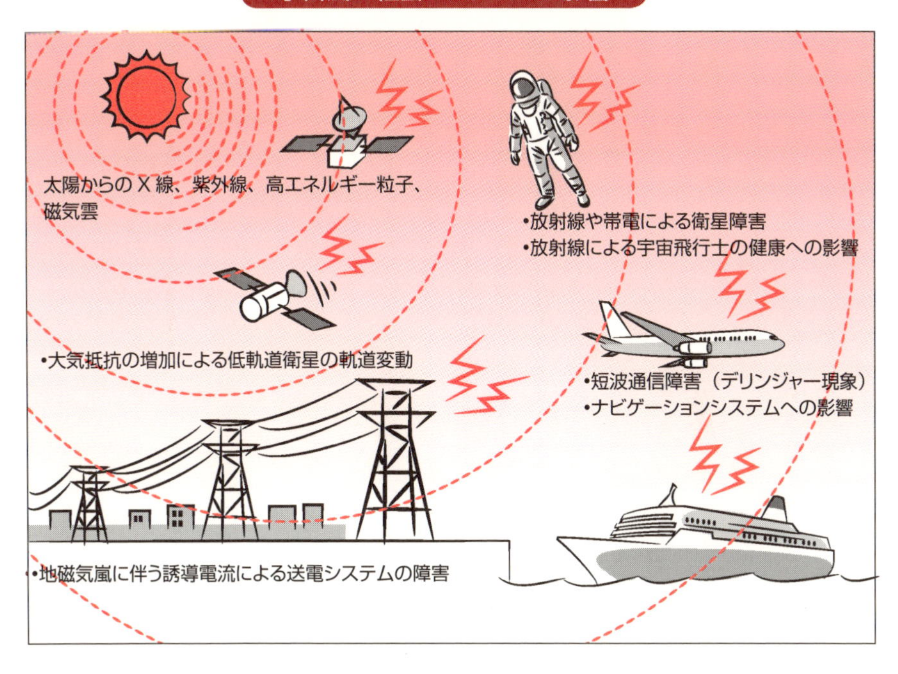

太陽風や太陽嵐（宇宙嵐）の日々の変化は、日本では情報通信研究機構（NICT）の宇宙天気予報としてWeb上で公開されています。
http://swc.nict.go.jp/contents/

53 放射線防護と宇宙線被ばく削減法は?

遮蔽、距離、時間

放射線防護の原則は3つあります。「遮蔽」を設ける、線源からの「距離」をできるだけ長くする、そして被ばくの「時間」をできるだけ短くすることです。地上では大気と地磁気が遮蔽の役目となっています。

過酷な宇宙空間では特別な宇宙服が必要です。船外活動用宇宙服の生地は多層のアルミ蒸着したポリエステルフイルムの保護層でできていて、生命維持装置を含めて全体で120キログラムほどです。これは、安全な呼吸環境、体温の保持、有害な紫外線への対策、微小な宇宙塵からの保護などの役割が主であり、エネルギーの高い宇宙線に対しての遮蔽効果はありません。

宇宙線に対しての「遮蔽」としての対処策として、太陽フレアが起きると通常の千倍ほどの宇宙線が飛来するので、船外活動を中止して遮蔽の良い場所に避難する対策がありますが、宇宙空間では重くて厚い遮蔽体を設置することには限度があります。惑星では居住室を地下に設置したり、建物全体に盛り土をしたりして遮蔽することができます。月の砂であれば5メートルの厚さで地球の大気とほぼ同じ遮蔽効果が期待できます。これは砂嵐や隕石の飛来からの防護にも有効です。

第2の対処策「距離」に関する例として、宇宙飛行時には放射線帯から遠ざかる方策があります。実際のアポロ計画での軌道は、放射線帯を避ける軌道を採用していました(47)。

第3の対処策「時間」が宇宙空間では特に大切です。福島第一原発事故で定めた帰還困難区域は年間積算放射線量が50ミリシーベルト以上ですが、月面や火星面では数ヶ月間ほどでこの値になります。移動時の宇宙船自体は遮蔽壁を厚くすることは困難なので、ロケットエンジンの改良による時間短縮が必要です。

要点BOX

- 放射線防護の3つの原則は、遮蔽設置、距離確保、時間短縮
- とくに、太陽フレア時の短時間の避難が重要

放射線防護の3原則と宇宙での対策

遮蔽設置による防護

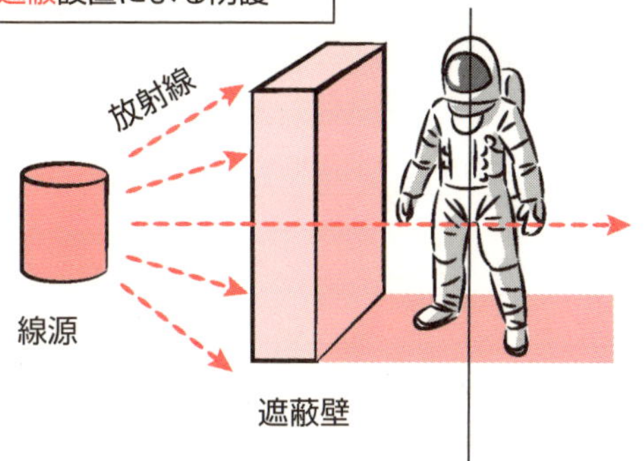

線量率は壁の厚みに反比例
（遮蔽材の選択が重要）

厚壁の防護室への避難
地下に設置、盛り土
峡谷での大気による遮蔽

距離増加による防護

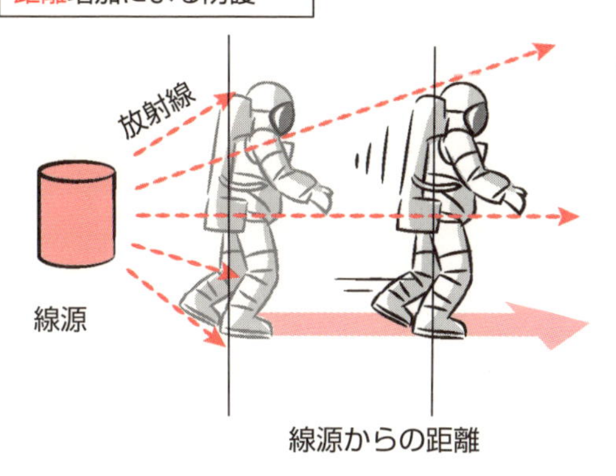

線量率は線源からの距離の
２乗に反比例

捕捉放射線帯を避ける
太陽フレアの時期の飛行を避ける

時間短縮による防護

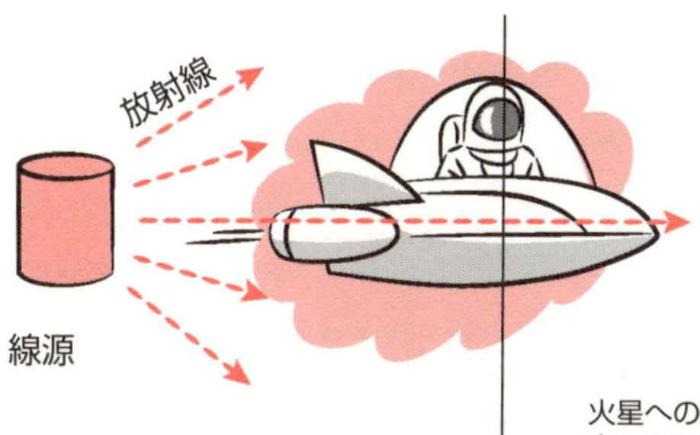

線量は滞在時間に比例

滞在期間の短縮
軽量・高速ロケットの開発
準ボーマン軌道の選択

火星への旅行では、航行時間を短縮するためには「準ホーマン軌道」（47）を用いる必要があります。必要な機材はあらかじめ大型の宇宙船で搬送して、有人飛行では軽量で高速性能の宇宙船が要求されます。

54 宇宙飛行士の宇宙線量制限値は？

生涯実効線量制限値

国際宇宙ステーション（ISS）での宇宙飛行士の被曝は、宇宙線のなかでも、特に太陽宇宙線と放射線帯粒子が問題となります。世界中の機関でこれらの変動が日々観測されており、その情報をもとにして、危険な場合には国際宇宙ステーションの船外活動を中止して、壁の厚い待避室での待機がなされています。

米国NASAでは宇宙飛行士の生涯での被曝量の上限値は、男性は800ミリシーベルト、女性は600ミリシーベルトとしています。ISSの船内では毎時24ミリシーベルトで、船外で毎時67マイクロシーベルトなので、1日当たり0・6～1・6ミリシーベルトであり、1ケ月でおよそ30ミリシーベルトとすると、ISSに滞在する宇宙飛行士は、男性なら2年で、女性なら18カ月で一生分の限界値を超えることになります。

日本の場合は、宇宙航空研究開発機構（JAXA）での宇宙飛行士放射線被ばく規定があり、最初の宇宙飛行の年齢に応じた生涯実効線量の制限値を設けています（左表参照）。若いときからの宇宙飛行であれば、実効線量制限値は合計0・6シーベルトであり、46歳以上であれば1・0シーベルトです。女性はこれらの値のおよそ8割の制限値です。

一般公衆に関しては、医療放射線を除いて年間1ミリシーベルトですが、放射線職業人に対しては、一般公衆の50倍の年間50ミリシーベルトです。仮に20年間従事したとすると合計1・0シーベルトとなります。

100ミリシーベルトの被曝の場合、大人のガン死亡は、ICRPの勧告値からの推定として、10万人にたいして500人であり、0・5％です。幼児に関しては成人の4倍の放射線の危険度があり、40歳以上では危険度は半分以下となります。

要点BOX
- ISSの宇宙線は1ケ月で30ミリシーベルト
- がんの発生率は、宇宙飛行士の上限値0.6シーベルトの被ばくで30%が33%に増加。

宇宙飛行士の実効線量制限値

JAXAの定めるISS搭乗宇宙飛行士の生涯実効線量制限値

Sv：シーベルト

初めて宇宙飛行を行った年齢	男性の制限値	女性の制限値
27〜30歳	0.6 Sv	0.5 Sv
31〜35歳	0.7 Sv	0.6 Sv
36〜40歳	0.8 Sv	0.65 Sv
41〜45歳	0.95 Sv	0.75 Sv
46歳以上	1.0 Sv	0.8 Sv

出典：国際宇宙ステーション搭乗宇宙飛行士 放射線被ばく管理規程（JAXA）

宇宙線によるがん死亡のリスク

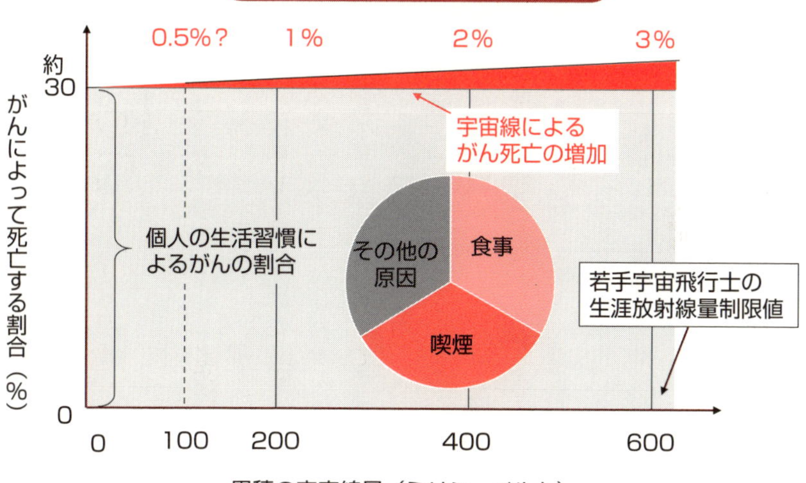

55 ミュー粒子を利用する？

ミュオンラジオグラフィ

ミュー粒子（ミュオン）は物質を形づくる素粒子の1つであり。重さは陽子のおよそ9分の1で、電子のほぼ200倍です。電子と同じ負(反粒子は正)の電荷を持つ素粒子です。超新星残骸などで発生した1次宇宙線が大気に衝突して生じる2次宇宙線のうち、地表に達するものの約7割がミュオンです。地上では1平方センチ当たり1分間に約1個降り注ぎ、残りの2次宇宙線は、ほとんどが電子です。

地球の大気と衝突し、原子核反応により2次粒子としての短寿命のパイ粒子（パイオン）（π^+、反粒子π^-）が生成され、すぐにミュオン（反粒子μ^+、μ^-）に崩壊します。ミュオンは2・2×10^{-6}秒の寿命であり、ミュオンが光の速度近くで運動するとして単純に計算すると、この時間におよそ660m進むことになります。宇宙線ミュー粒子は高速なので、相対論的効果で寿命が延び、実際には6㎞以上飛行できて、地上まで届く粒子も多くなります。

ミュー粒子には、質量が大きいにもかかわらず強い相互作用が働かないので透過力が強く、散乱角は物質原子の原子番号に比例します。このミュオンの性質を利用して、内部を透視する非破壊検査が試みられています。放射線を用いて物体の内部の透過像を撮影する方法はラジオグラフィと呼ばれますが、ミュオンを用いる方法は「ミュオンラジオグラフィ」と呼ばれ、「ミュオン透過法」と「ミュオン散乱法」があります。「ミュオン透過法」として、ミュー粒子が物質を透過するときに、物質の密度や透過距離に応じて一部が吸収されるため、内部構造を反映したミュー粒子の分布が観測され、原子核乾板を使うことでX線撮影のような透視画像が得られます。一方、「ミュオン散乱法」では、散乱角が原子番号に比例することを利用します。検出器を前後に設置して、入射、散乱宇宙線ミュオンを観測します。透過法と比べて一桁良い分解能が得られる利点があります。

- ●ミュオン透過法とミュオン散乱法
- ●物質の密度や透過距離に応じた透過画像
- ●ミュオンの散乱角が原子番号に比例

ミュー粒子（ミュオン）の特徴

1）質量：電子の約200倍、陽子の1/9
100 MeV（メガ電子ボルトMeV= 10^6 eV）

2）寿命：50万分の1秒（静止時）
古典論で600m、相対論で6km移動

3）エネルギー：加速器で数100 MeV（10^8 eV）
宇宙線でGeV領域（10^9 eV）

4）特徴：高い透過力、強い相互作用がないため、
4GeVのミュオンで約7mのコンクリート透過

ミュオンラジオグラフィーの原理図

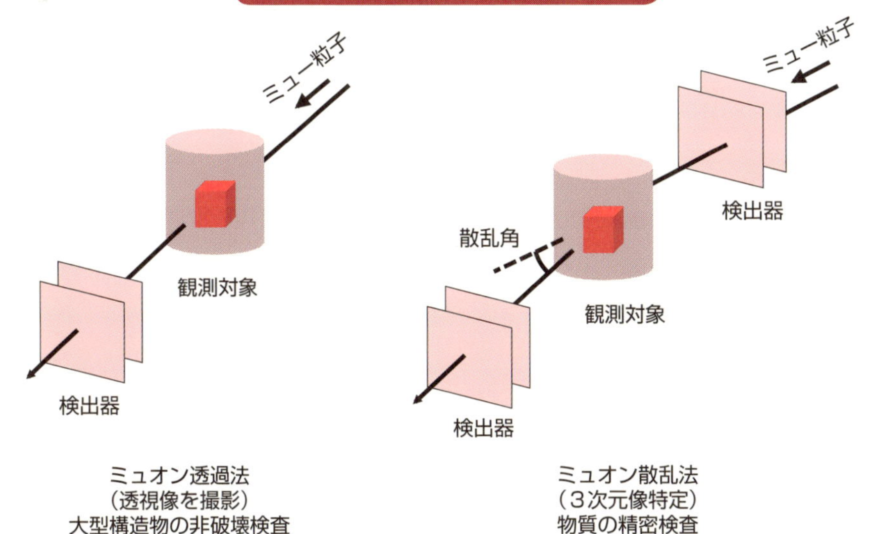

56 ミュオンが巨大構造物を検査する？

火山・ピラミッド透視、原子炉内部検査

宇宙からは、1キロメートルの岩盤をも貫く透過力を有する宇宙線「ミュオン（ミュー粒子）」が降り注いでいます。この透過力を利用した様々な検査方法が提案され、実施されています。ミュオンを用いたラジオグラフィ（放射線撮影）、あるいは、トモグラフィ（断層撮影）なので、「ミュオグラフィ」とも呼ばれています。通常の検査ではできない配管内部の傷や腐食の検査として、放射線や超音波による非破壊検査法が工業的に行われていますが、巨大な建造物や自然地形の検査として、透過力の強いミュオンが利用されています。

1950年代に坑道の荷重検査に用いられ、1970年にはピラミッドの盗難防止用の隠れ部屋の探査に用いられてきました。1990年代から今日まで、火山のマグマ、溶鉱炉、原子炉の内部検査などに宇宙線ミュー粒子が利用されてきています、鉄筋コンクリートの建物の手抜き工事を見破ったり、テロリストや犯罪者らが核物質を違法に輸送するのを摘発したり、さまざまなアイデアもあります。

左頁上図には昭和新山の火山の監視のミュオグラフィの例が示されています、マグマは高密度なので、岩盤の密度が高い場所ほどミュー粒子が通り抜けにくく、数の違いをもとに火山内部の密度分布がわかります。

福島第一原子力発電所の事故による燃料デブリの位置と量の測定のためにもミュオグラフが用いられています（左頁下図）。ウランなどの核物質は鉄やアルミのような一般的な金属元素より原子番号が大きいので、ミュー粒子の曲がりぐあいが大きいことによるミュオン散乱法での検査が行われてきています。米国での9・11同時多発テロ後のテロ対策として、不法な核爆弾の探査にも用いられています。検問所の天井と床に検出器を設置して宇宙線ミュオンの曲がりぐあいを観測します。

要点BOX

- ●ミュー粒子を用いてのミュオグラフィ
- ●火山内部、ピラミッド、溶解炉、原子炉燃料、核物質テロ検査、建物工事検査などに利用

ミュー粒子による火山観測

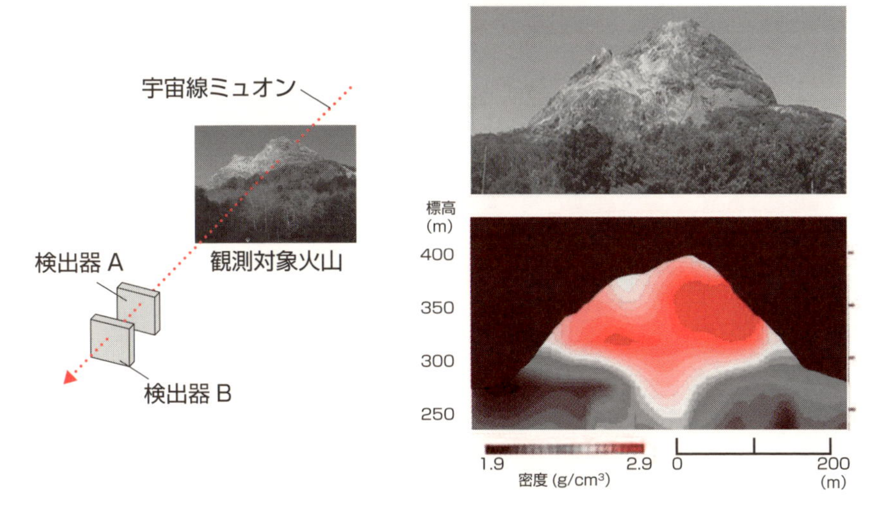

宇宙線ミュオンラジオグラフィにより得られた昭和新山内部の密度断面図

福島第一原子力発電所の溶融燃料の観察

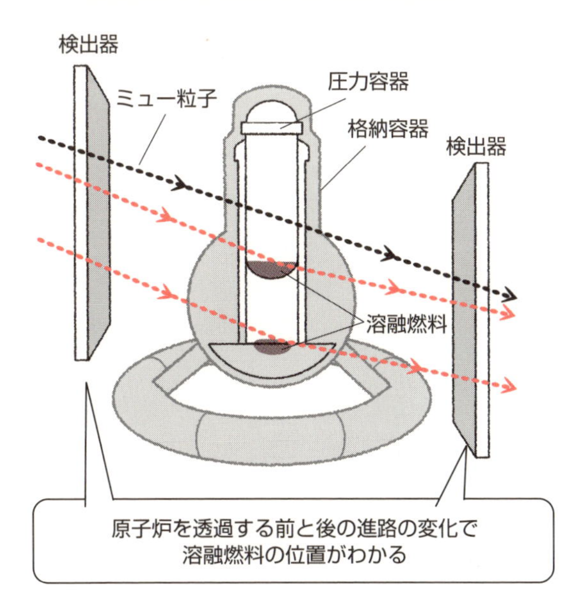

Column

タイムトラベルはできる?

SF映画「タイムマシン」

古典的な空想科学（SF）小説としてはフランスのジュール・ベルヌの「地底旅行（1864年）」「月世界旅行（1865年）」、「海底2万哩（1870年）」やイギリスのH・G・ウェルズの「タイムマシン（1895年）」「透明人間（1897年）」、「宇宙戦争（1898年）」が有名です。

これらのSF小説は映画化されており、「タイムマシン」の場合は1960年と2002年に映画化されています。リメイク版では、舞台をロンドンから1890年代のニューヨークに変え、大学教授アレクサンダーが、最愛の恋人エマを生き返らすために、4年の歳月を費やしてタイムマシンを完成させ、過去に戻ります。しかし、なぜかエマは別の事故に巻き込まれて死亡してしまい、過去を変えることができません。その答えを探し未来に飛び立つことになります。2030年には人類は月に移住しており、月面の大規模破壊の影響で地球の破壊も招いてしまいます。

映画「タイムマシン」では、年月が表示される高速回転エネルギー装置の乗り物であり、「バック・トゥ・ザ・フューチャー」のスーパーカー・デロリアンや「ターミネーター」の時間転送装置のような機械です。

時空をゆがめるためには、特殊相対論では膨大な運動エネルギーが必要です。一方、一般相対論的なワームホール（光速以上で移動可能）によるタイムトラベルも空想されています。理論上は時間の進みを遅らせ、未来に旅することができますが、タイムパラドックスから過去に戻ることは困難です。

おとぎ話としての「浦島太郎」は日本書紀や万葉集にも記載がありますが、このウラシマ効果こそ空想のタイムトラベルです。

素粒子物理実験として、素粒子レベルでのタイムトラベルの試みも現在真剣に行われています。

映画に登場するタイムマシン

「タイムマシン」
原題:The Time Machine
原作:H.G.ウェルズ（1895年）
製作:2002年　米国
監督:サイモン・ウェルズ
主演:ガイ・ピアース
配給:ワーナー・ブラザーズ

第9章

未知の宇宙線・素粒子と宇宙の謎

57 モノポール（磁気単極子）を探す？

電気と磁気の違い

磁石には必ずN極とS極との磁荷があり、磁気双極子と呼ばれています。1本の棒磁石を分割しても、すべて、N極とS極との磁石にしかなりません。一方、プラスとマイナスの帯電体の場合には、片方だけの電荷の棒を取り出すことができます（左頁上図）。磁気的にN極だけ、あるいはS極だけの粒子をモノポール（磁気単極子）と呼びますが、これらは2017年現在、未だ発見されていません。

電気と磁気の性質はマックスウェルの方程式で記述されますが、モノポールがないことが前提で、電気と磁気が完全に対称な形にはなっていません。

素粒子に対して質量とスピンが等しく、電荷（C）の正負だけを反転させた反素粒子があるのではと考えられ、「粒子 - 反粒子対称性（荷電共役対称性：C対称性）」がディラックにより提唱されました。1931年には、彼は同様に電気と磁気との対称性を考え、モノポールの存在の理論的可能性を示しました。現在のインフレーション宇宙論では、モノポールは「真空の相転移」の際に生じた欠損として、ビッグバンによる宇宙生成の直後（約0・1ナノ秒後）につくられたと仮定されており、モノポールの確認の観測も試みられています。モノポールは非常に重く、陽子の10^{16}倍程度の質量を持っていると想定されています。

相転移の卑近な例として、水が凍って氷になる場合を考えてみましょう。その場合には、気泡が残ったり、ひびが入ったりすることがありますが、モノポールはそのような欠損に相当すると考えることもできます。モノポールは点状（ゼロ次元）の欠損ですが、1次元の欠損が「宇宙ひも（コズミック・ストリング）」であり、シート状（2次元）の欠損が「ドメイン・ウォール」と呼ばれています。宇宙ひもは宇宙の大規模構造の生成に関連していると考えられている仮説です。

要点BOX
- ●磁石は磁気双極子
- ●磁気単極氏子（モノポール）はディラックの反粒子の理論から発展

帯電体と磁石の分割の違い

帯電体
（正電荷と負電荷が等しい場合）

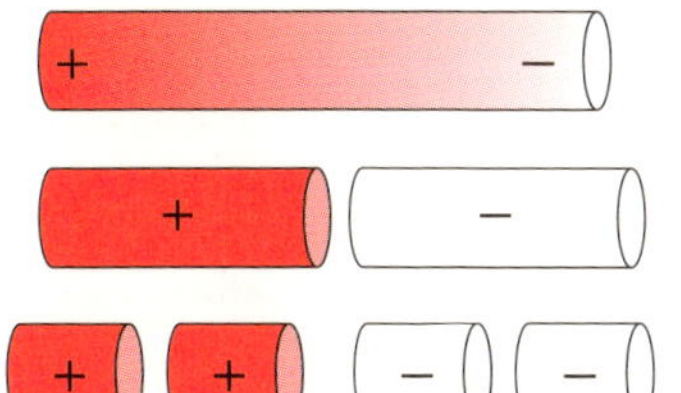

磁石
（N極とS極）

N S

N S N S

N S N S N S N S

N極またはS極だけの
単極磁石は作れない

モノポール生成のイメージ図

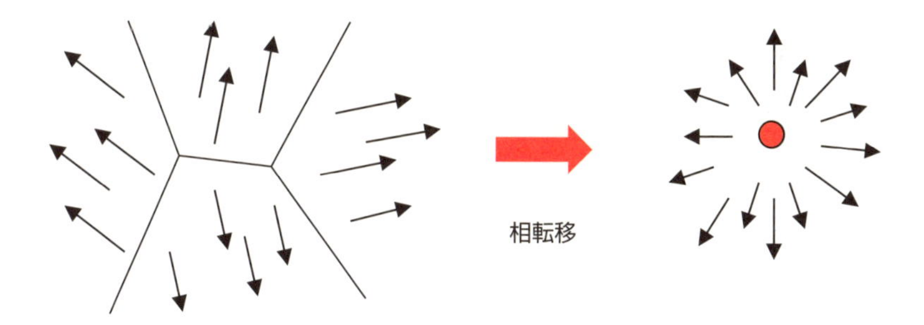

矢印はクォークやレプトンの
内部自由度の向き

点状の欠陥（モノポール）が
中心に残る

宇宙のどこかで
モノポールが発見される
可能性があります

58 世紀の大発見：重力波が発見された！

アインシュタイン最後の宿題

宇宙には粒子や電磁波が満ちています。このほかに未知のエネルギーの流れもあります。アインシュタインが、一般相対性理論を発表した2年後の1916年に指摘した「重力波」です。百年間未解決であったアインシュタインの最後の宿題と呼ばれていたものです。

重力波は、時間や空間がわずかに伸び縮みする「時空のひずみ」がさざ波のように伝わる現象であり、物体が加速して動くときに起こります。池の水面の波紋のように伝わることになります（左頁上図）。

重力波の存在はこれまで間接的な証明しかなく、1974年にアメリカのジョゼフ・テイラーとラッセル・ハルスによる中性子星の連星の観測から証明がなされ、1993年にノーベル賞を受賞しています。

アインシュタインの予言から丁度100年後の2016年に、アメリカのワシントン州とルイジアナ州との重力波観測装置LIGO（ライゴ）により、2つのブラックホールの合体により発生した重力波が、初めて直接的に観測されました。1辺の長さが4キロメートルのL字形のパイプにレーザーを入射させて他端の鏡で反射させて往復のレーザー光の波のタイミングのずれを測定したものです（左頁下図）。

重力波の発生は、超新星の爆発、中性子星の合体、ブラックホールの合体が考えられており、今回の観測では太陽質量の36倍と29倍のブラックホールが合体して62倍のブラックホールが誕生したことがわかってきました。太陽の30倍以上の質量の恒星はブラックホールになります。近くに恒星があると、そこからガスを吸い込んでX線を放出します。

私たちの銀河系では1億個以上のブラックホールがあると考えられ、また、天の川銀河の中心には、太陽の質量の数百万倍以上の巨大ブラックホールがあることがわかっています。これは、ブラックホール同士が合体して成長したと考えられています。

要点BOX

- ●重力波は「時空のひずみ」でできるさざ波
- ●アメリカの観測装置LIGO(ライゴ)により、2016年に初めて直接測定に成功

水面波と重力波のイメージ図

池に石を投げる

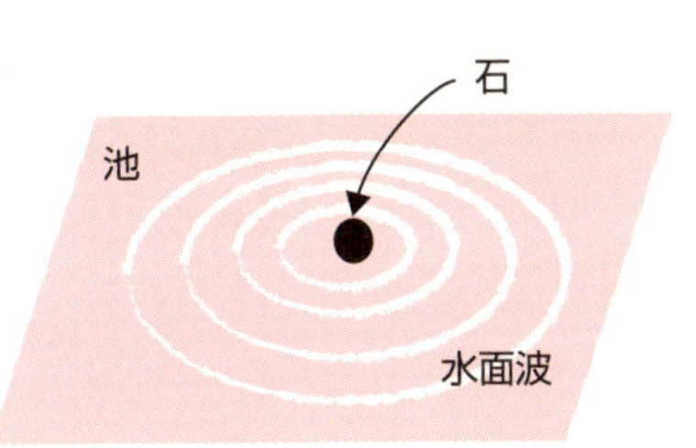

ブラックホールが合体する

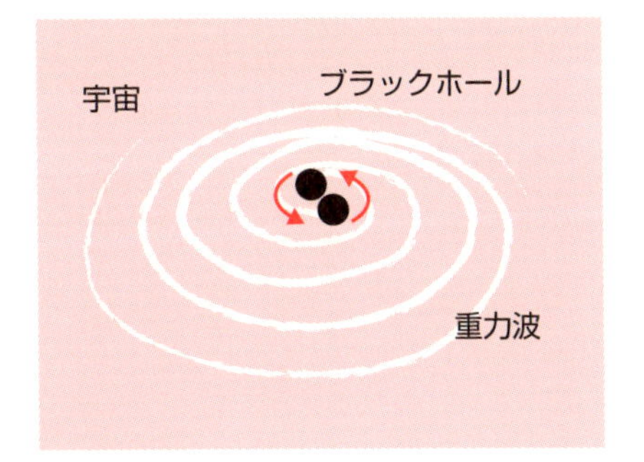

重力波の観測

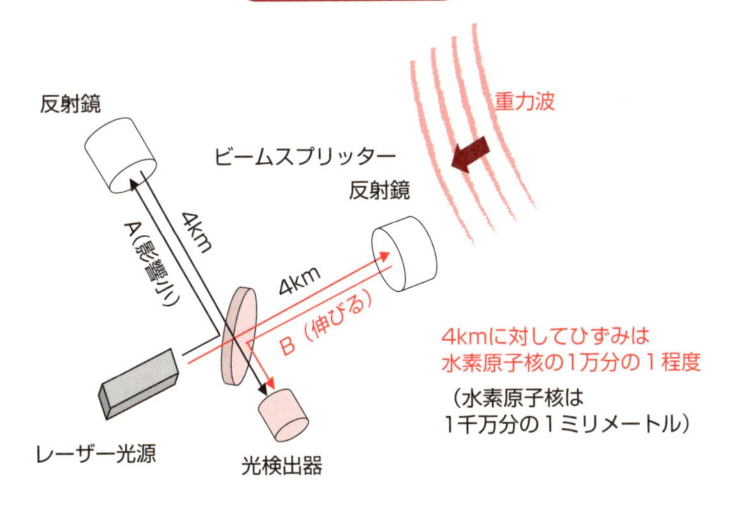

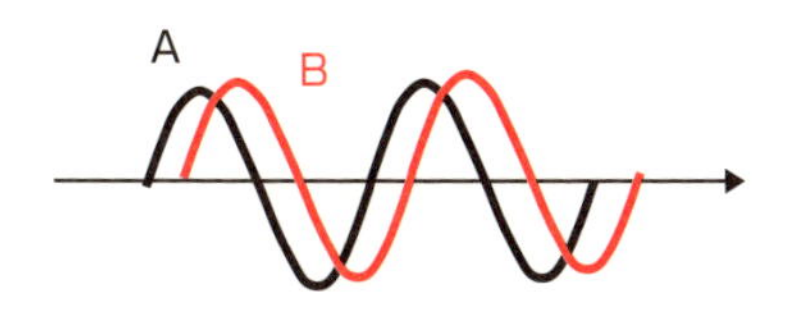

一致していたABの信号は，重力波による
空間の伸びによりタイミングがずれます

重力波観測で米国の3氏が2017年にノーベル賞を受賞

59 超対称性粒子はなぜ必要か？

ボソンとフェルミオンとの入れ替え

標準理論では強い力と弱い力の統一は可能ですが、電磁力を含めた3つの力の統一は困難でした。そのための新しい理論として「超対称性理論（仮説）」があります。

時間と空間の座標を変えても物理法則が変わらない性質を「対称性」と呼びますが、「超対称性」とは、電荷は同じですが、自転に関連する磁気的性質としての「スピン」と「質量」が異なる対称性です。超対称粒子とは、粒子に対しスピンが1／2ずれただけで、電荷などは等しい素粒子です。既存のフェルミ粒子（フェルミオン）に対し未知のボース粒子（ボソン）としての超対称性パートナーがあり、既存のボソンに対しは未知のフェルミオンが超対称性パートナーです。たとえば、電子はフェルミ粒子であり、フォトン（光子）はボース粒子ですが、それぞれ異なる理論式で表されます。超対称性を仮定してボース粒子の電子（スカラー電子）やフェルミ粒子のフォトン（フォティーノ）があるとすれば、同じ理論の枠内で扱えることになります。

超対称性粒子の名前は、既存のフェルミ粒子の名前の先頭にスカラーの意味で「s」をつけてパートナーとしてのボース粒子の名前とします。また、既存のボース粒子の名前の末尾の「on」を、原則として小さいとの意味の「ino」に代えてフェルミ粒子の名前とします。

ビッグバンの高エネルギーの初期宇宙では、4つの力が統一されていたと考えられていますが、標準理論ではエネルギーを高くしても力の強さ（結合係数）を一致させることはできません。超対称性理論により、3つの力の大統一が可能となっています（左頁下図）。2017年の時点では、超対称性が自然の対称性であるという実験的な証拠は見つかっていません。大型ハドロン衝突型加速器（LHC）などで超対称性粒子の探索が行われています。

要点BOX

- 超対称性とはスピンと質量が異なる変換であり、フェルミオンとボソンとの入れ替えに相当
- 超対称性理論で3つの力の大統一

超対称変換（スピンを1/2変える）

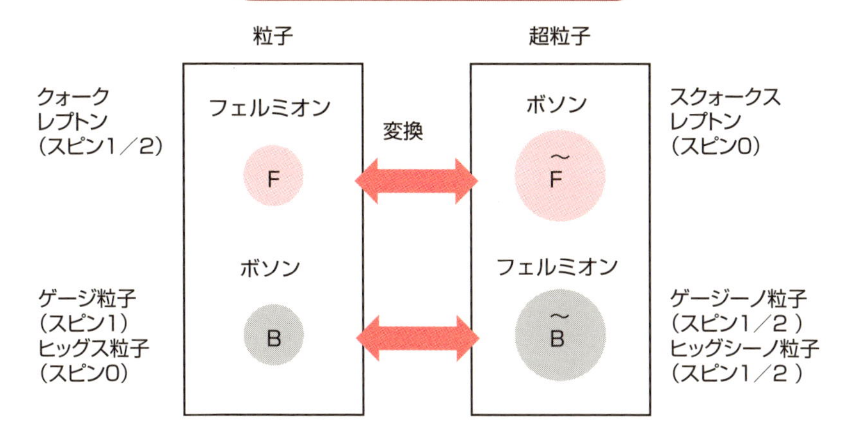

超対称性理論での3つの力の統一

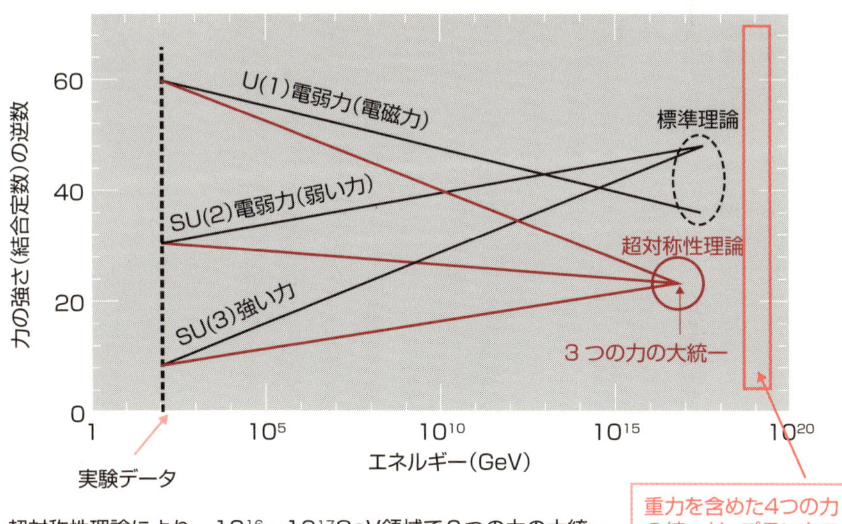

超対称性理論により、10^{16}〜10^{17}GeV領域で3つの力の大統一が可能となります。（縦軸は力の強さの逆数であることに留意）

60 グラビトン（重力子）とは？

電荷を持つ2つの物質の間には電磁力が働きます。電磁力を伝えるゲージ粒子は光子（フォトン）であり、同様に、質量を持つ2つの物質の間には重力（万有引力）のゲージ粒子が「グラビトン（重力子）」です。4つの力の交換子（フォトン、ウィークボソン、グルオン、グラビトン）のうち、いまだ発見されていないのはグラビトンのみです。

グラビトンの質量はゼロで、電荷もゼロであり、寿命は無限大と考えられています。交換子としてのこの粒子のスピンは2ですが、他の3つの交換子のスピンは1です。従来の標準理論ではグラビトンは扱えず、超対称性を組み入れたひも理論のなかでは、開いたひもではなく、閉じたひもとして扱われます。

3つの力の大統一が期待できる超対称性理論に従えば、スピン2のボース粒子（ボソン）であるグラビトンに対応する超対称性粒子は、スピン3／2のフェルミ粒子（フェルミオン）であるグラビティーノと呼ばれています。

重力は電磁力に比べて非常に小さな値です。関連してディラクによる提唱された大数仮説があります。宇宙の3つの巨大数に関する仮説であり、(1)素粒子間の電磁力と重力との比、(2)宇宙と素粒子の大きさの比、そして、(3)宇宙にある陽子の数の平方根、が近似的に10^{40}であるという説です。

重力が他の3つの力に比べて極端に小さい理由を5次元の膜宇宙（ブレーンワールド）で考えることができます。私たちの4次元時空（3次元空間と1次元時間）はある膜（1次元の余剰次元）の上に埋め込まれているとします。重力以外の3つの交換子は膜から出られません（超ひも理論での端が膜についた開いたひもに相当）が、重力子だけが余剰次元方向を含めて自由に飛び回れる（超ひも理論での閉じたひもに相当）との理論です（左頁下図）。膜宇宙を仮定すると重力が小さいことが理解できます。

5次元膜宇宙

要点BOX
- ●力の交換子グラビトンは未発見
- ●グラビトンの超対称性粒子はグラビティーノ
- ●5次元膜宇宙仮説で自由に動くグラビトン

重力子と他の交換子との相違

力の交換子	記号	質量	電荷	スピン	超対称性パートナー
グルオン	g	0	0	1	グルイーノ（スピン：1/2）
ウィークボソン					
Wボソン	$W^{\pm}$	80	0	1	ウィーノ（スピン：1/2）
Zボソン	$Z^{\pm}$	90	0	1	ジーノ（スピン：1/2）
光子（フォトン）	γ	0	0	1	フォティーノ（スピン：1/2）
重力子（グラビトン）	G	0	0	2	グラビティーノ（スピン：3/2）

質量の単位は　GeV/c^2

膜宇宙仮説と重力子の作用

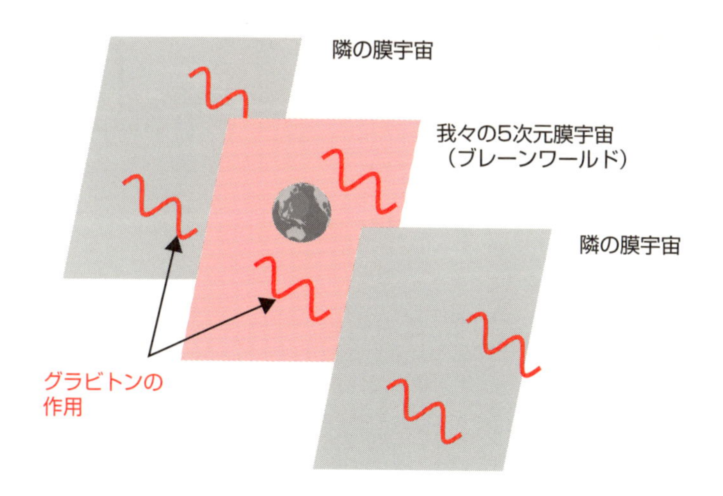

重力は別の膜宇宙からの作用です。
したがって，他の3つの力に比べて極端に小さい。

（参考）ディラックの大数仮説
素粒子間の電磁力と重力の比は10^{40}

61 超光速粒子は存在するか？

ターディオンとタキオン

2011年9月にスイスの欧州合同原子核研究所（CERN）で、ニュートリノの速さが光よりも60ナノ秒（1億分の6秒）だけ速いとの国際共同実験「オペラ」の驚愕の実験結果が発表されました。CERNから730キロメートルだけ離れたイタリアのグランサッソ国立研究所に向けて人工のニュートリノを飛ばすと、飛行時間は2・43ミリ秒でしたが、このニュートリノは光速よりも60ナノ秒早く到着したと発表していました。ニュートリノの飛行を調整するためには衛星利用測位システム（GPS）とコンピューターとを利用していましたが、GPS受信機とコンピューターの電子カードをつなぐ光ファイバーケーブルの接続に緩みがあったことが後日判明し、再接続の実験では、前回の計測結果とのずれはちょうど60ナノ秒であることが確認されました。超光速の当初の報告は、2012年6月には完全に撤回されました。

粒子にせよ反粒子にせよ、相対論によれば、あらゆる物質の速度が光速に近づくと質量が増大して光速を超えることとできません。これらの通常の物質粒子は「ターディオン（遅い粒子）」と呼ばれています。光より速い物質が存在しないのは、粒子を光速にまで加速するには無限のエネルギーが必要だからです。

一方、質量を持たない光子や重力子（2017年現在未発見）は、常に光速で運動しています。これらは「ルクシオン（光の粒子）」と呼ばれています。

特殊相対論の数学的枠組みのなかでは、最初から光速以上で運動している粒子は、常に光速よりも速い速度で運動し続けることが可能です。1967年、米国コロンビア大学のジェラルド・ファインバーグが提唱して、この仮想的な超光速粒子を「タキオン（速い粒子）」と名づけました。タキオンが存在すれば、過去へ信号を送ることが可能となり、因果律が破れることになります。

●2011年の超光速ニュートリノ実験は完全撤回
●超光速粒子としてのタキオンは因果律に反するが、存在が否定されているわけではない

4次元時空と光の速度

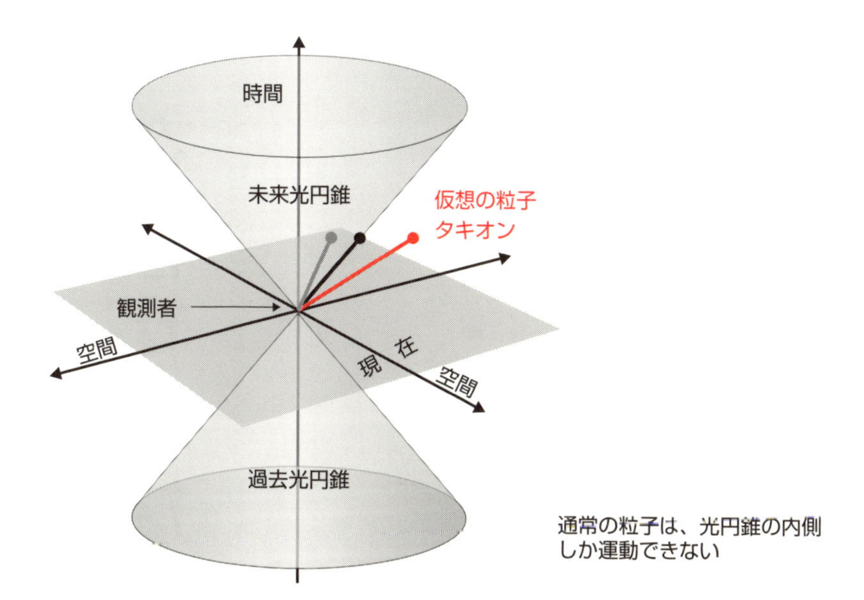

通常の粒子は、光円錐の内側
しか運動できない

ターディオンとタキオン

ターディオン(光の速度より遅い粒子) 現状の質量を持つすべての粒子
ルクシオン(ルクソン、光の粒子) 光子、ウィークボソン、グルオン、グラビトン(未発見)
タキオン(光の速度より速い粒子) 仮説上の虚数の質量を持つ粒子

62 超ひも理論と膜宇宙とは?

プランク長さのひもと時空の膜

現代物理学では、極微の世界を表現する量子力学と、巨大な世界を記述する一般相対性理論がありま す。この2つの理論の統一が試みられています。

素粒子の標準理論では、4つの力のうち強い力、弱い力、電磁力を媒介する3つの交換子（グルオン、ウィークボソン、フォトン）は量子論的な枠内で含まれていますが、重力を媒介する重力子は含まれていません。重力を量子論的に扱う理論として、「ひも理論」があります。粒子を従来のように点として扱うのではなく、1次元の広がりを持ったひもの振動として記述する理論です。これに「超対称性理論」を含めた「超ひも理論」があります。

素粒子はプランク長さのひもで表すことができ、そのひもが振動、回転して粒子となっていると考えるモデルです。重力の量子論的影響が及ぼされる長さがプランク長さであり、1.6×10^{-35}メートルです。ひもには、開いたひもと閉じたひもとがあります。「開いたひも」はスピン1のゲージ粒子（グルオン、ウィークボソン、フォトン）を示し、「閉じたひも」はスピン2の重力子（グラビトン）を意味します。

私たちの宇宙は空間3次元に時間を加えた4次元時空と考えられますが、空間1次元あたり2次元分が量子レベルでは「巻き上げられて」いて、小さなエネルギーでは観測できないと考えられています。したがって、超ひも理論では10次元時空となります（左頁上図）。基本的物体の1次元のひもの代わりに2次元の膜とした11次元時空の「M理論」も構築されてきています。

重力相互作用が他の3つの相互作用に比べて小さいのは、閉じたひもが余剰次元方向にその大半が逃げてしまっているためと考えられています。これは私たちの4次元時空は、さらに高次元の時空に埋め込まれた膜（ブレーン）のような時空なのではないかと考える宇宙モデルとも関連しています（60）。

要点BOX

- ●プランク長さはおよそ10^{-35}メートル
- ●開いたひもはスピン1のゲージ粒子、閉じたひもはスピン2のグラビトン

空間の次元

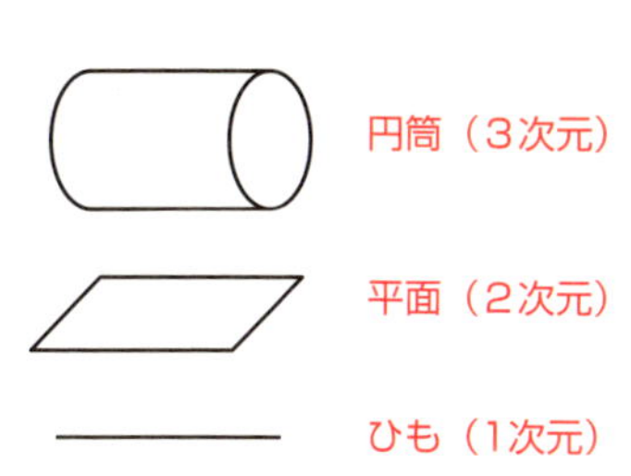

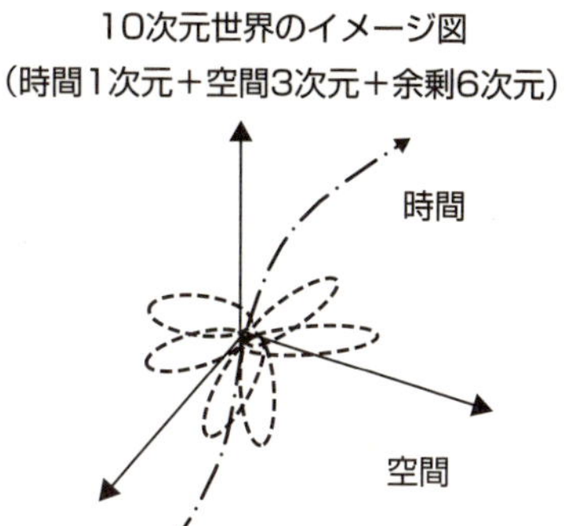

超ひも理論と膜宇宙

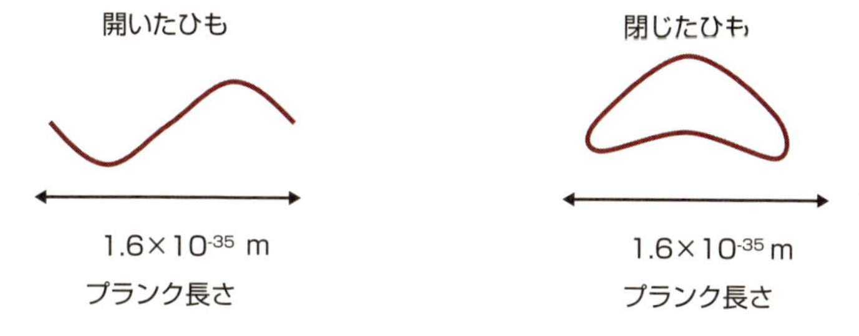

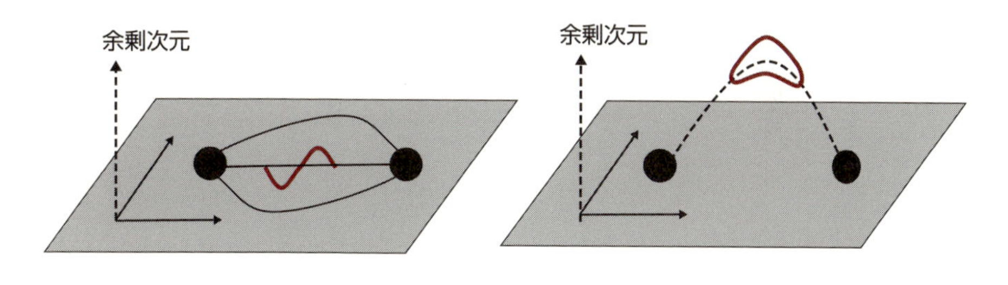

電磁力，強い力，弱い力の
交換子の両端は膜の上にある

重力の交換子は
膜から飛び出している

63 暗黒物質とは？

強重力としてのダークマター

通常の物質は電子と原子核から構成されており、光や電磁波の放射や吸収が行われます。質量を持った原子核は「バリオン物質」と呼ばれています。宇宙の星や銀河はこの光や電磁波で観測することができます。一方、宇宙には、万有引力は働くが、電磁波を放射しない物質があります。これを「暗黒物質（ダークマター）」と呼びます。2013年のプランク衛星による観測結果では、宇宙のバリオン物質5%で、暗黒物質はその5倍、残りの4分の3が暗黒エネルギーです（左頁下左図）。

暗黒物質の存在の間接的な例として、銀河の回転速度の半径依存性があります。私たちの太陽系は回転する天の川銀河の中心から2万5千光年の場所にありますが、観測可能な質量を考えると回転速度は半径の平方根に反比例するはずですが、実際にはほぼ一定です（左頁上図）。銀河系内に観測不可能な物質（暗黒物質）があることになります。

暗黒物質は質量を持ち、電荷がなく、安定な粒子から構成されていると考えられますが、暗黒物質を説明するための様々な仮想粒子の候補があります。

素粒子物理学からの候補としては、冷たい暗黒物質で弱い相互作用をする重さのある粒子WIMP、電荷もスピンもゼロのアクシオン、光子の類似粒子ダークフォトン、熱い暗黒物質としてのニュートリノ、超対称性仮想粒子としてのニュートラリーノ（フォティーノ、ウィーノ、ジーノ）、グラビティーノなどの候補が検討されています。天体物理学からは、MACHO、褐色矮星、白色矮星、中性子星、ブラックホール、モノポールなどがあります。

銀河の形成にも暗黒物質が影響しています。宇宙背景放射のゆらぎは十万分の一ですが、このゆらぎからは銀河が形成されないことがわかっています。暗黒物質による千分の一程度のゆらぎから現在の銀河が形成されたと考えられています。

要点BOX

- ●暗黒物質は宇宙の物質のおよそ4分の1
- ●暗黒物質の候補は、WIMP、アクシオン、ニュートラリーノ、MACHO,ブラックホールなど

銀河系の回転とダークマター

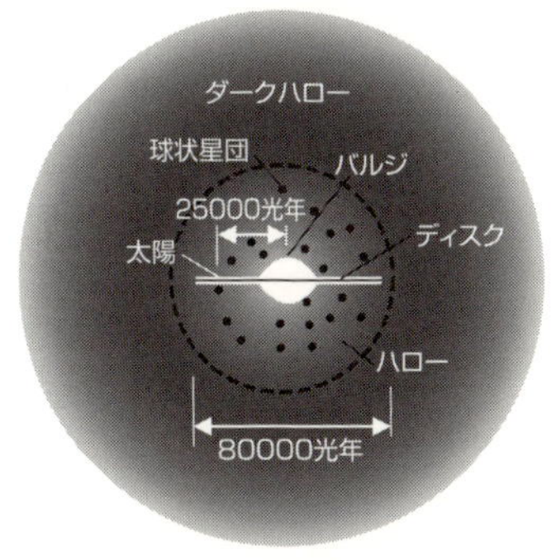

銀河中心　：中心核
バルジ　　：膨らんだ部分（bulge）
ディスク　：薄い円盤（disc）
ハロー　　：低密度の球状領域（halo）

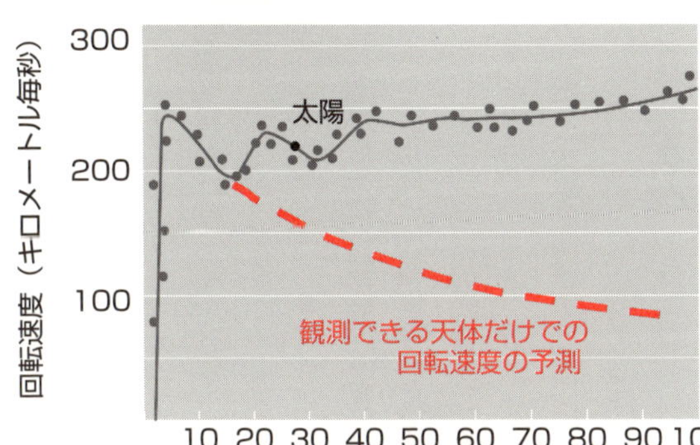

銀河中心からの距離
（千光年）

実際は速度がほぼ一定なので、ダークマター（暗黒物質）の存在が示唆されています

暗黒物質の候補

宇宙の構成

暗黒物質
26.8

暗黒エネルギー
68.3

原子でできる通常の物質
4.9

＜素粒子物理学＞
WIMP (Weakly Interacting Massive Particles)
ニュートラリーノ（フォチーノ、ウィーノ、ジーノ）、グラビティーノ、アクシオン、ダークフォトン、ニュートリノなど

＜天体物理学＞
MACHO (Massive Compact Halo Objects)
褐色矮星、白色矮星、中性子星、ブラックホール、モノポールなど

（欧州宇宙機関の最新の観測データによる）

64 暗黒エネルギーとは？

反重力のエネルギー

私たちの宇宙はビッグバンから始まり、急激なインフレーションの後、減速し、現在は加速膨張しています。引力だけでは一様減速で、最終的に膨張が止まり、収縮に転じると考えられます。

現在の宇宙の加速膨張を理解するには、反重力（重力斥力）が必要になります。これを「暗黒エネルギー（ダークエネルギー）」といいます。ニュートンの万有引力の法則を拡張したアインシュタインの一般相対性理論の宇宙方程式からは膨張力は出てきません。定常的な宇宙を考えるために特殊は定数（宇宙定数：正の場合は斥力、負の場合は引力）が導入されました。アインシュタインは、これが人生の最大の過ちであったと語ったとされていますが、宇宙の加速膨張を表すためにこの定数が役立っています。

暗黒エネルギーを表すためには、この宇宙定数があり、もう1つは「クインテッセンス」があります。宇宙定数は時間的に変化しない静的であり、クインテッセンスは動的で時間的に可能です。運動エネルギーとポテンシャルエネルギーとの比率で、引力となったり斥力となったりします。

古代ギリシャのアリストテレスは地界での4つの物質（空気、火、水、土）に加えて、天界では第5の物質で満たされているとしました。純粋な〟第5の物質として、ラテン語でquinta essentia（クインタ・エッセンシア）と呼ばれていました。現代物理学での4つの力（重力、電磁力、強い力、弱い力）以外の「第5の力」として、このラテン語にちなんで「クインテッセンス」と名づけられており、未知の素粒子であると想定されています。宇宙誕生の時の真空のエネルギーと同じと考えることもできます。

宇宙は膨張しており、遠くの銀河系ほど速く膨張しています。宇宙が膨張すればするほど、ダークエネルギーが増えていることになります。暗黒エネルギーとは何なのか？　人類最大の謎の1つなのです。

要点BOX

- 暗黒エネルギーは反重力（反発する重力）
- 反重力としてのアインシュタインの宇宙定数
- 第五の力としてのクインテッセンス

宇宙の膨張と暗黒エネルギー

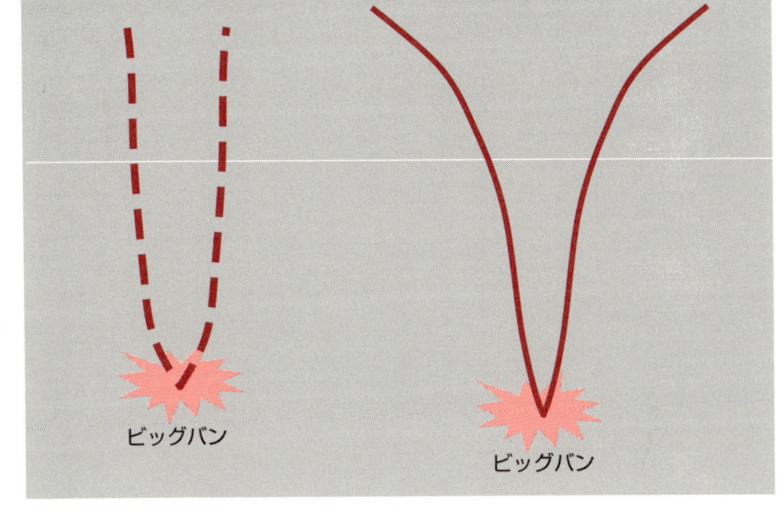

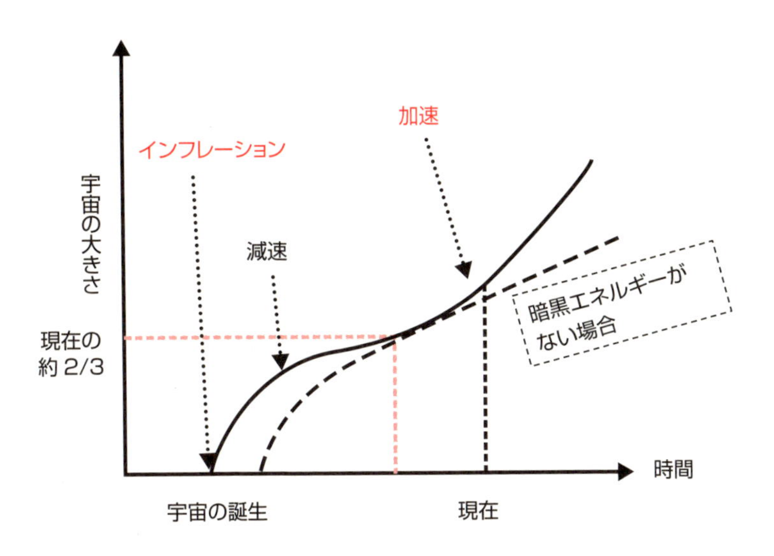

65 マルチバースと反宇宙とは？

多元宇宙と反物質

私たちの宇宙（ユニバース）とは別に、同じような宇宙が多数あり、同じ地球の上で同じ人間が生活しているのではないかという考えがあります。多元宇宙、多重宇宙（マルチバース）あるいは並行宇宙（パラレスワールド）と呼ばれており、しばしばSFとして話題になっています。

また、私たちの物質の世界に対して反物質で構成された反宇宙や、親宇宙から子宇宙、孫宇宙への泡宇宙もあるのではないかとの仮説もあります。

量子力学の原理においては、多世界解釈があり、「量子力学的な〝選択〟が行われるごとに、可能なすべての宇宙が枝別れして、それらすべてが実在の宇宙となる」との考えがあります。また、素粒子の超ひも理論と膜宇宙（ブレーンワールド）において、他のブレーンでの宇宙の存在が考えられます。

多重宇宙や反宇宙の存在は現状では実験的検証が不可能です。人類がその可能性の是非を検証できるのは、化石燃料、核燃料の現在の「地球文明」から「惑星文明」、反物質を利用するであろう「恒星文明」、そして、ブラックホールのエネルギーを利用でき、超光速航行技術やワープ航法を駆使できるであろう「銀河文明」へと発展できた超遠い未来であるかもしれません。この文明の3段階進化説はカルダシェフ・スケール（1964年にロシアの天文学者ニコライ・カルダシェフが提唱）と呼ばれており、現在の文明でのパワー（毎秒のエネルギー量）は2×10^{13}ワットですが、数百年後の惑星文明では10^{16}ワット、数千年後の恒星文明では10^{26}ワット、そして、数万年後の銀河文明では10^{36}ワットの膨大なエネルギーを利用できると予想されています。

現状では、恒星文明や銀河文明はあくまでも空想ですが、人類が生存・進化し続けて、未知の宇宙線や素粒子も発見して、膨大なエネルギーを利用できる文明を構築していることを夢見たいと思います。

要点BOX

- 多元宇宙、反宇宙の存在は検証不可能
- カルダシェフ・スケールとしての、惑星文明、恒星文明、銀河文明

多元宇宙（マルチバース）のイメージ

検証不可能な仮説・空想

（アンチ・ユニバース）
対称性の破れで
反物質なし！

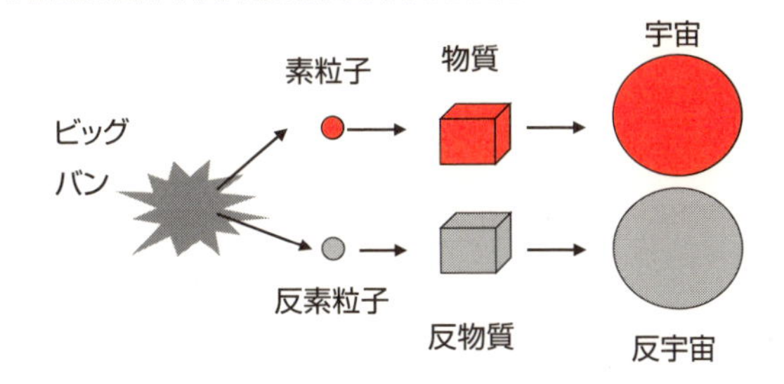

泡宇宙

（バブル・ユニバース）
宇宙の泡構造？

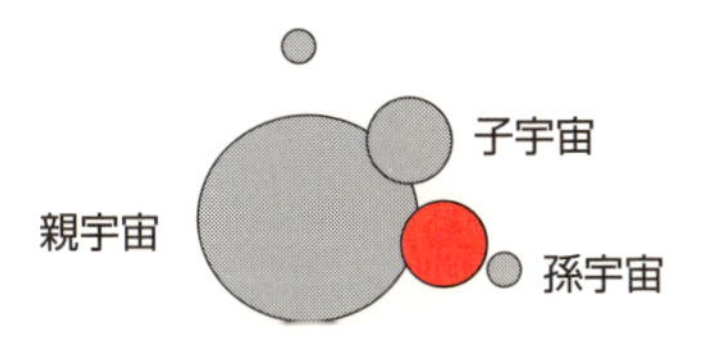

膜宇宙

（ブレーン・ワールド）
重力子は別の膜宇宙から？

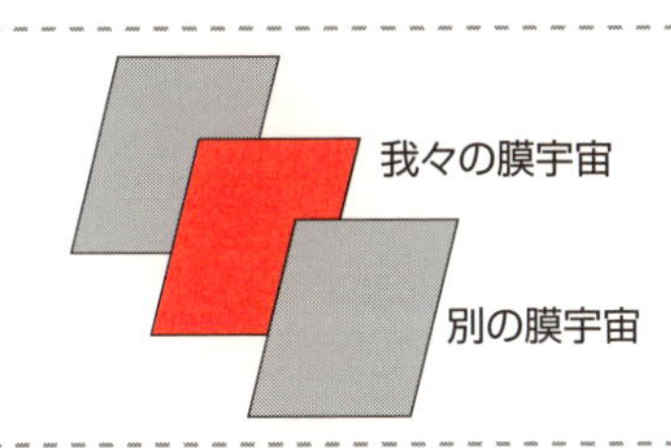

宇宙文明への予想と期待

カルダシェフ・スケール
（カール・セーガンなどによる数値の修正）

現在の地球文明	2×10^{13}ワット （地球が受ける太陽パワーの半分が地表に到達するとして 10^{17}ワット、地上で利用可能な最大パワーを上記の百分の1とすると 10^{15}ワット）
①惑星文明	10^{16}ワット（地球の受ける太陽パワーの十分の1）以上 数百年で到達
②恒星文明	10^{26}ワット（太陽の放出パワー）以上 数千年で到達
③銀河文明	10^{36}ワット以上 数万年で到達

Column

宇宙は1つではない？
SF映画「インターステラー」

　人類最大の未知の課題1つは「宇宙の起源」です。現在の宇宙は光よりも速く膨張していることがわかっています。光で観測可能な宇宙の果ては138億光年ですが、光速以上の宇宙の膨張を考えてさらに遠方の直径940億光年が私たちの宇宙の果てと考えられています。その宇宙の果ての先はどのようになっているのでしょうか？

　宇宙の果ての外には巨大なブラックホールがあるとの仮説があります。また、無限の広がりとして膨大な数の別の宇宙（並行宇宙）があるとの仮説もあります。インフレーションにより、別の宇宙が生まれる事が理論的に示唆されています。宇宙はユニバース（1つのまとまり、宇宙）からマルチバース（複数のまとまり、多元宇宙）と呼ばれる所以です。

　映画「インターステラー」では、近未来社会において、地球環境変化、異常気象、食料危機などにより人類の滅亡が迫っています。人類の未来を守るため、第2の地球を探して未知の宇宙へと旅立っていく元宇宙飛行士クーパーと10歳の娘マーフィーとの愛が描かれています。暗黒物質、ブラックホールも映像化されています。クーパーは土星近くのワームホールを通り、別の銀河へと旅立ち、新天地を見つけます。

　映画では愛や魔法が描かれています。ポルターガイストのように書棚の本が動くことが、実は別宇宙の父からのサインであることを、年老いた娘は感じることになります。

　本映画の総指揮担当は宇宙物理学者で米カルフォルニア工科大学名誉教授のキップ・ソーン博士であり、ブラックホールの最新の理論（ブラックホールの周りの光の環や降着円盤）を映像化して組み入れています。ソーン博士は、LIGO（ライゴ）計画での重力波の観測で最近（2017年10月）ノーベル物理学賞を受賞しています。

映画でのブラックホールの映像

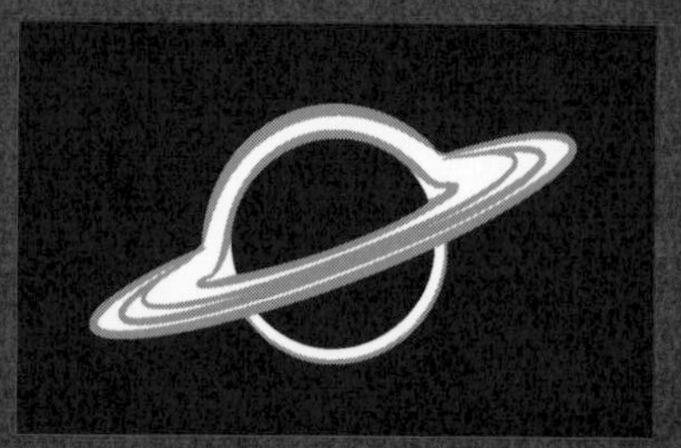

「インターステラー」
原題:Interstellar
製作:2012年　米・英
監督:クリストファー・ノーラン
出演:マシュー・マコノヒー　アン・ハサウェイ
配給:パラマウント映画

ナ

ハ

マ

ヤ・ラ

索引

英数字

ア

カ

サ

タ

今日からモノ知りシリーズ
トコトンやさしい
宇宙線と素粒子の本

NDC 429.6

2018年1月18日 初版1刷発行

発行者 井水治博
発行所 日刊工業新聞社
東京都中央区日本橋小網町14-1
(郵便番号103-8548)
電話 編集部 03(5644)7490
販売部 03(5644)7410
FAX 03(5644)7400
振替口座 00190-2-186076
URL http://pub.nikkan.co.jp/
e-mail info@media.nikkan.co.jp
印刷・製本 新日本印刷(株)

●DESIGN STAFF
AD――――――志岐滋行
表紙イラスト――――黒崎　玄
本文イラスト――――輪島正裕
ブック・デザイン ―― 大山陽子
(志岐デザイン事務所)

●
落丁・乱丁本はお取り替えいたします。
2018 Printed in Japan
ISBN 978-4-526-07793-7 C3034

●定価はカバーに表示してあります

●著者略歴

山﨑　耕造(やまざき・こうぞう)

1949年　富山県生まれ。
1972年　東京大学工学部卒業。
1977年　東京大学大学院工学系研究科博士課程修了・工学博士。
名古屋大学プラズマ研究所助手・助教授、核融合科学研究所助教授・教授を経て、2005年4月より名古屋大学大学院工学研究科エネルギー理工学専攻教授。その間、1979年より約2年間、米国プリンストン大学プラズマ物理研究所客員研究員、1992年より3年間、(旧)文部省国際学術局学術調査官。
2013年3月 名古屋大学定年退職。

現在　名古屋大学名誉教授、
自然科学研究機構核融合科学研究所名誉教授、
総合研究大学院大学名誉教授。

●主な著書

「トコトンやさしいプラズマの本」、「トコトンやさしい太陽の本」、「トコトンやさしい太陽エネルギー発電の本」、「トコトンやさしいエネルギーの本　第2版」(以上、日刊工業新聞社)、「エネルギーと環境の科学」、「楽しみながら学ぶ物理入門」、「楽しみながら学ぶ電磁気学入門:(以上、共立出版)など。